Manjunath Burji
Pradyumkumar Kadole
Mahesh Gudiyawar

Revisão sobre fios e tecidos elásticos

Manjunath Burji
Pradyumkumar Kadole
Mahesh Gudiyawar

Revisão sobre fios e tecidos elásticos

ScienciaScripts

Imprint
Any brand names and product names mentioned in this book are subject to trademark, brand or patent protection and are trademarks or registered trademarks of their respective holders. The use of brand names, product names, common names, trade names, product descriptions etc. even without a particular marking in this work is in no way to be construed to mean that such names may be regarded as unrestricted in respect of trademark and brand protection legislation and could thus be used by anyone.

Cover image: www.ingimage.com

This book is a translation from the original published under ISBN 978-3-659-89354-4.

Publisher:
Sciencia Scripts
is a trademark of
Dodo Books Indian Ocean Ltd. and OmniScriptum S.R.L publishing group

120 High Road, East Finchley, London, N2 9ED, United Kingdom
Str. Armeneasca 28/1, office 1, Chisinau MD-2012, Republic of Moldova, Europe
Managing Directors: Ieva Konstantinova, Victoria Ursu
info@omniscriptum.com

Printed at: see last page
ISBN: 978-620-8-59987-4

Conteúdo

Resumo

Os fios elásticos são também conhecidos como fios multicomponentes. São fabricados segundo o princípio da fiação com núcleo e da cobertura do núcleo. Estes fios fiados com núcleo são produzidos em estruturas de anéis, fiação a rotor e fiação por fricção, através da adaptação de dispositivos simples à máquina existente. Os fios de cobertura do núcleo são produzidos por um processo de mistura como a cobertura de ar.

Os fios elásticos são fios especiais que acrescentam valor ao vestuário. vários métodos para os produzir. O fabrico de fios elásticos e a sua conversão eficaz para a aplicação final requerem conhecimentos sobre as caraterísticas e os procedimentos de ensaio.

Os fios e os tecidos que contêm Lycra têm várias aplicações em tecidos, meias, fatos de banho, vestuário ativo, malhas circulares e tecidos estreitos. O presente manuscrito implica tecnologias de fabrico, procedimentos de teste de elasticidade e utilizações finais de fios e tecidos elásticos.

Reconhecimento

Agradeço à direção do Instituto Têxtil e de Engenharia da Sociedade D.K.T.E. por me ter dado a oportunidade de publicar este manuscrito.

Estou particularmente grato ao meu orientador de investigação, Prof.(Dr.)P.V.Kadole, pela sua valiosa orientação constante.

Gostaria de agradecer ao Prof.(Dr.)U.J.Patil, HOD Textile Department e ao Prof.(Dr.)M.Y.Gudiyawar, coordenador do curso Man Made Textile Technology, pelas suas sugestões e pelo apoio prestado para a realização deste estudo.

Capítulo 1.1 Introdução

Os fios multicomponentes são conhecidos como fios core-spun ou fios core-cover, os fios com cobertura de ar são também conhecidos como fios core-cover. Os fios com cobertura de ar acrescentam valor aos fios e tecidos. A sua estrutura é constituída por um fio central rodeado pela fibra adequada para ser utilizada como fio. O componente central forma o eixo central do fio e o outro forma a cobertura. Consoante o material da alma, estes fios são classificados como fios não elásticos e fios elásticos. Os fios não elásticos são produzidos com alma de mono ou fio contínuo, como o poliéster, o nylon e o polipropileno (1), enquanto os fios elásticos são produzidos com alma de fios elastoméricos contínuos, como as fibras de spandex (85% de poliuretanos segmentados nas designações comerciais Clear-span, Glospan, Lycra, elaspan ou Numa), as fibras Anidex (50% de poliacrilatos reticulados) e Monvelle (a fibra bi-constituída lado a lado de nylon e spandex) (2) . Os fios com alma elástica e não elástica são produzidos com bainha como fio multifilamento contínuo. Os fios não elásticos têm a vantagem de serem mais resistentes, mais homogéneos e menos peludos, mas com uma extensão reduzida. Devido à evolução da procura de vestuário mais confortável, cómodo e versátil por parte dos clientes, os fios não elásticos encontraram uma vasta gama de áreas de aplicação na indústria têxtil. Os fios elásticos têm também propriedades únicas. Têm o mesmo toque que as fibras de proteção porque as fibras de desempenho de proteção cobrem a camada exterior. São confortáveis de usar e podem modificar a sua elasticidade para se adaptarem a diferentes produtos finais. Os fios elásticos podem ser utilizados para produzir tecidos de diferentes estilos, mãos e funções, e podem ser concebidos para tecidos e malhas de acordo com as suas propriedades.

A mistura de ar ou revestimento elástico de ar é um processo em que a alma de elastina e o fio multifilamento são alimentados através de um jato de ar pressurizado que sopra os filamentos do fio de revestimento, separando-os e fazendo com que se misturem parcialmente à volta da alma. Os fios recobertos de ar são produzidos a partir de fios de filamentos termoplásticos, celulósicos ou não orgânicos, utilizando ar comprimido. Formam-se laçadas na superfície do fio de filamento, conferindo-lhe um carácter volumoso. Consoante o material utilizado, a estrutura em laçada resulta num fio com caraterísticas semelhantes às do fio de fibras descontínuas convencional (3). Para obter um melhor efeito de cobertura do fio elastomérico fino e uma melhor recuperação elástica dinâmica, é necessário otimizar a finura do spandex, o rácio de tração e o fator de torção (4). Os fatos de banho, o vestuário ativo, os tecidos de malha circular e os tecidos estreitos são as aplicações mais comuns dos fios elásticos de cobertura de ar. Os fios elásticos para cobertura de ar também são utilizados para tecidos esticados e são adequados para vestuário casual, bombazina para calças de ganga e vestidos de noite, vestuário de exterior e vestuário de baixo.

A indústria têxtil produziu mais ganga índigo do que qualquer outro tecido. O tecido de ganga é mais azul na superfície, sendo o lado da teia. O fio elástico da trama, coberto de ar, não é tingido, o que faz com que o tecido pareça quase branco no reverso. As razões para o sucesso inigualável do denim são a durabilidade, o conforto, o toque, o aspeto e a versatilidade. Atualmente, as tendências da ganga são modificadas de acordo com os requisitos do cliente para melhorar a qualidade do tecido. As calças de ganga elásticas são mais populares do que a ganga normal, devido à sua elasticidade e ajuste. Existem duas categorias de ganga elástica, com base no grau de elasticidade. São elas a elasticidade de ação e a elasticidade de conforto. A elasticidade de potência ou de ação proporciona um tecido com um elevado grau de extensibilidade e uma recuperação rápida. O fator de elasticidade varia geralmente entre, pelo menos, 30-60% ou mais, com uma perda de recuperação não superior a 5-6%. A elasticidade de conforto refere-se a um tecido com um fator de elasticidade inferior a 30 por cento e uma perda de recuperação não superior a 25 por cento.

A propriedade elástica do tecido confere-lhe um desempenho excecional que é bem acolhido pelos consumidores. Desde a sua estreia no vestuário desportivo e de lazer, está agora a tornar-se o padrão para o vestuário de trabalho e na ganga como tecido de vestuário universal.

Capítulo 1.2 Tipos de fios multicomponentes

Os fios multicomponentes classificam-se principalmente em dois tipos.

1. Fio com núcleo fiado
2. Fio de revestimento do núcleo

1.2.1 Fio com núcleo fiado:

Aqui, os filamentos contínuos (elastoméricos ou não elastoméricos) são colocados na parte central do fio. Na superfície exterior, são processadas fibras curtas como o algodão, a viscose, o poliéster, o nylon, a lã e outras fibras acrílicas curtas. Normalmente, o bastidor de anéis utilizado para a fiação de algodão é utilizado com algumas alterações na secção de estiragem. Estes tipos de fios são utilizados em sarja, ganga, tricô, vestuário para ligaduras, não tecido, vestuário interior, vestuário de desporto, etc. Este fio fiado com núcleo é igualmente classificado em dois tipos: o fio fiado com núcleo elastomérico e o fio fiado com núcleo não elastomérico.

1.2.2 Fio de cobertura do núcleo:

O 100% spandex tem uma extensão superior a 600%; devido a estas propriedades, é muito difícil processar estes fios em tecelagem e tricotagem. Para evitar estes problemas, foram produzidos fios revestidos. Assim, estes fios são cobertos com material natural e sintético e, posteriormente, o tecido é fabricado. Uma destas técnicas de cobertura é também designada por técnica de cobertura de ar ou técnica de mistura de alma e bainha (5).

Capítulo 1.3 Filamentos de elastómeros de spandex

Segundo Merrow (6), o spandex é uma fibra manufacturada em que a substância que forma a fibra é um polímero sintético de cadeia longa composto por pelo menos 85% de poliuretano segmentado. A cadeia polimérica é um copolímero em bloco segmentado que contém segmentos longos, enrolados aleatoriamente, líquidos e macios que se movem para uma estrutura mais linear e de menor entropia. Os segmentos rígidos actuam como "ligações cruzadas virtuais" que unem todas as cadeias de polímeros numa rede infinita. O spandex ou elastano é uma fibra sintética conhecida pela sua excecional elasticidade (capacidade de esticar). É mais forte e mais durável do que a borracha; Spandex é o nome preferido na América do Norte, enquanto o elastano é mais frequentemente utilizado noutros locais. Uma marca registada bem conhecida de spandex ou elastano é a marca Lycra da Invista; outra marca registada (também da Invista) é Elaspan.

H. D. Joshi (7) explica que diferentes fabricantes produzem fibras elastoméricas a partir de poliuretano segmentado sob as designações genéricas de spandex, Lycra, Vyrene e Prelon U.

1.3.1 Caraterísticas da fibra elastomérica

Segundo a Wikipedia (8), a caraterística mais importante do elastano é a sua capacidade de esticar. Pode ser esticado até um grande comprimento e depois também recupera a sua forma original. Pode, de facto, ser esticado até quase 500% do seu comprimento. É leve, macio, suave, flexível e mais durável e tem uma capacidade retroactiva superior à da borracha. Como tal, quando o elastano é utilizado para confecionar qualquer vestuário, proporciona o melhor ajuste e conforto e também evita o ensacamento e a flacidez da peça de vestuário. É também termoestável, o que significa que facilita a transformação de tecidos enrugados em tecidos planos, ou de tecidos planos em formas arredondadas permanentes. As fibras ou tecidos de elastano podem ser facilmente tingidos e resistem igualmente aos danos causados por óleos corporais, transpiração, loções ou detergentes. Os seus tecidos são também resistentes à abrasão. Quando o spandex é cosido, a agulha causa poucos ou nenhuns danos devido ao "corte da agulha", em comparação com os tipos mais antigos de materiais elásticos. Os diâmetros das fibras de spandex variam entre 10 denier e 2500 denier e podem ser encontrados em lustres transparentes e opacos. A estrutura e o processo dos produtos elastoméricos (9) são apresentados no Quadro 1.1.

Tabela 1.1: Estrutura química e processo de fiação dos principais produtos elastoméricos

Nome do produto	Empresa	Componentes iniciais	Processo de fiação
Acelan	Taekwang	PET/MDI/diamina	Seco
Dorlastan	Bayer Faser Gmbh (D)	PET/MDI/diamina	Seco
Lycra	Dupont Nemours Co (EUA)	PET/MDI/diamina	Seco
Roica	Asahi Kasei (J)	PET/MDI/diamina	Seco
Glospan	Globe MFG Co (EUA)	PET/MDI/diamina	Seco/Reativo
Lineltex	Enchimento (I)	Éster de policaprolactona/MDI/diamina	Húmido
EEY	Unitika (J)	-	--
Texton	Tonkook (ROC)	-	--
Lubell	Kanebo Ltd (J)	PET/MDI/butandiol	Derreter
Mobilon	Nisshinbo Ind, Inc (J)	PET/MDI/butandiol	Derreter
Spantel	Kuraray Co Ltd (J)	PET/MDI/butandiol	Derreter

Capítulo 1.4 Fios de filamentos contínuos

Milton M. Platt (10) afirma que os efeitos da torção do fio e do tamanho do fio nas propriedades de tração dos fios de filamentos contínuos simples dependem da distribuição das tensões. Os filamentos centrais podem ser tensionados até à rutura enquanto os restantes filamentos são tensionados abaixo das suas cargas de rutura. Assim que os filamentos centrais falham, ocorre uma rutura progressiva rápida de todos os filamentos restantes e o fio quebra. Como resultado, teoricamente, a resistência total à rutura da soma dos filamentos nunca pode ser atingida. Em vez disso, a resistência máxima do fio é limitada pela soma das componentes das forças das fibras quando as fibras centrais atingem o seu alongamento máximo. Quando este alongamento do fio é atingido, apenas uma parte da força das fibras inclinadas contribui para a resistência do fio. O efeito da torção do fio ou do tamanho do fio é meramente alterar a distribuição das extensões entre as várias fibras. Uma vez que as fibras próximas do eixo do fio são as primeiras a falhar em resultado da tensão, pode concluir-se que o alongamento do fio até à rutura deve ser constante, independentemente da torção ou da dimensão do fio. É verdade que torções do fio excessivamente elevadas podem produzir tensões iniciais nas fibras que são de magnitude suficiente para alterar as suas propriedades elásticas, por exemplo, através do trabalho a frio da fibra. Não se espera que um fio deste tipo apresente o mesmo alongamento até à rutura que um fio de torção reduzida. No entanto, quando a fiação não influencia as propriedades elásticas da fibra, o alongamento do fio não deve ser alterado pela modificação da torção ou do tamanho do fio.

Capítulo 1.5 Efeitos da torção no fio multicomponente

M. Saminathan (11) afirma que os Twisters Two-For-One (TFO), em virtude da sua versatilidade no processamento de uma vasta gama de fios múltiplos de qualidade superior, ganharam aceitação global há muito tempo.

Milind V Koranne *et al* (12) afirmam que os enroladores de montagem estão disponíveis com enrolamento aleatório, de precisão ou de precisão escalonada. A economia da torção do TFO é afetada por uma série de factores. Não é possível chegar a uma conclusão a favor de um determinado modo de enrolamento. No entanto, os vários factores devem ser cuidadosamente analisados com o fabricante da bobinadeira de montagem para identificar a melhor escolha, tendo em conta as condições específicas.

Ning Pan *et al* (13) afirmam que as estruturas de fibras torcidas têm um mecanismo único de geração de força; a força que está a quebrar a estrutura está ao mesmo tempo a fortalecê-la. Por isso, a previsão do comportamento do fio à tração é uma questão complicada, e muitos factores e efeitos têm de ser considerados. O requisito de continuidade do filamento e a praticidade de taxas equivalentes de alimentação do filamento na zona de torção exigem o intercâmbio de filamentos entre anéis helicoidais coaxiais, de modo que haverá uma mudança periódica da localização radial de cada filamento, o que é denominado migração.

Andreja Rudolf *et al* (14) explicam que as propriedades mecânicas de fios torcidos com núcleo mostraram que as forças tecnologicamente condicionadas durante a torção do fio também influenciam as propriedades do fio. A influência da torção mostra que o aumento do número de voltas resulta numa diminuição dos valores da tenacidade de rutura, do módulo de elasticidade e da tensão no ponto de cedência, e num aumento da extensão de rutura.

Witold Zurek *et al* (15) afirmam que é possível calcular a tensão permanente num fio torcido a partir de filamentos se se conhecer a dependência entre a tensão permanente e a tensão total num tufo de fibras paralelas. É possível calcular a tensão permanente do fio torcido a partir de raiom torcido se se conhecer a dependência entre a tensão permanente e a tensão total do raiom com diferentes torções. A recuperação da deformação do fio pode ser prevista com base nos valores calculados da sua deformação permanente.

NPTEL (16), o valor de torção necessário para a resistência máxima do fio é superior ao da utilização normal. Uma vez que o aumento da torção também afecta outras propriedades importantes do fio. No fio de filamento contínuo, é utilizada uma pequena quantidade de torção para manter os filamentos unidos, mas medida que a torção aumenta, a resistência do fio diminui abaixo do seu valor máximo. Mas devido à variabilidade das resistências individuais dos filamentos, o efeito inicial da torção é apoiar os filamentos mais fracos no fio. Um fio de filamentos será mais forte do que um fio de fibras descontínuas equivalente, uma vez que é sempre necessária uma quantidade comparativamente grande de torção num fio descontínuo. Por vezes, em vez de torção, é utilizada a mistura.

A resistência de um fio torcido a partir de fibras descontínuas aumenta com o aumento da torção (17). Na parte inferior da curva, como mostra a figura 2.1, esta resistência deve-se apenas ao atrito de deslizamento, ou seja, sob carga de tração, as fibras deslizam entre si. O atrito coesivo surge apenas nas regiões média e superior da curva.

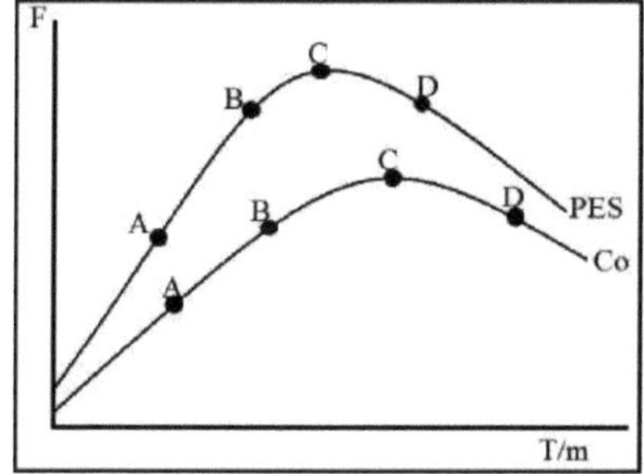

Figura 1.1: Relação entre o número de voltas de torção e a resistência de um fio

Isto é causado pela alta tensão e, consequentemente, pela alta pressão, e finalmente torna-se tão considerável que cada vez menos fibras deslizam umas sobre as outras e cada vez mais são quebradas. Isto continua até um certo máximo, ou seja, a exploração óptima da resistência do indivíduo (C) depende da matéria-prima. Normalmente, os fios são torcidos a níveis abaixo da região crítica de torção (A - malha, B - urdidura); apenas os fios especiais, como o voile (C) e o crepe (D), são torcidos acima desta região. A seleção de um nível de torção abaixo da resistência máxima é adequada porque as resistências mais elevadas são, na maior parte das vezes, desnecessárias, fazem com que o punho do produto final se torne demasiado duro e reduzem a produtividade.

Capítulo 1.6 Métodos de técnicas de fiação com núcleo

Consoante o material da alma, estes fios são classificados em dois tipos: fios não elásticos e fios elásticos. O processo de fabrico consiste essencialmente em alimentar a unidade de fiação com filamentos da alma, como poliéster, nylon e polipropileno, no caso do tipo não elástico e, no caso do tipo elástico, com fios elastoméricos contínuos, como fibras de spandex, fibras de Anidex ou Monvelle.

As caraterísticas dos fios elásticos e dos fios retorcidos podem ser adaptadas especificamente aos requisitos da aplicação a jusante (tipo de tecido) durante a produção e o processamento. Para além da escolha da fibra e da mistura de materiais, a decisão relativa ao processo de produção é o principal parâmetro de influência e determina a estrutura dos fios simples e dos fios retorcidos de forma decisiva.

Os processos que facilitaram o fabrico de tais estruturas de fios são os seguintes: Fiação em anel, combinação de processos de fiação com núcleo e Sirospun, fiação com rotor OE, processo de fio de torção coberto e torção dois para um (18).

Osman Babaarslan *et al* (19) afirmam que, durante a última década, muitos estudos referiram vários métodos para a produção de fios compósitos na indústria têxtil. Alguns destes estudos são objeto de modificação dos métodos disponíveis de fiação dos fios. Os métodos mais comuns para a produção de fios compósitos são a modificação do quadro de anéis, as técnicas de fiação a rotor modificadas, a fiação por fricção e a torção, como a torção em anel, a torção dois para um, o princípio de siro, a técnica do fuso hallow, etc. (20).

1.6.1 Estrutura giratória de anel modificada

Uma estrutura de fiação de anéis modificada é apresentada nas figuras 1.2 e 1.3. É possível produzir fio não elástico e elástico com núcleo fiado num bastidor de anéis.

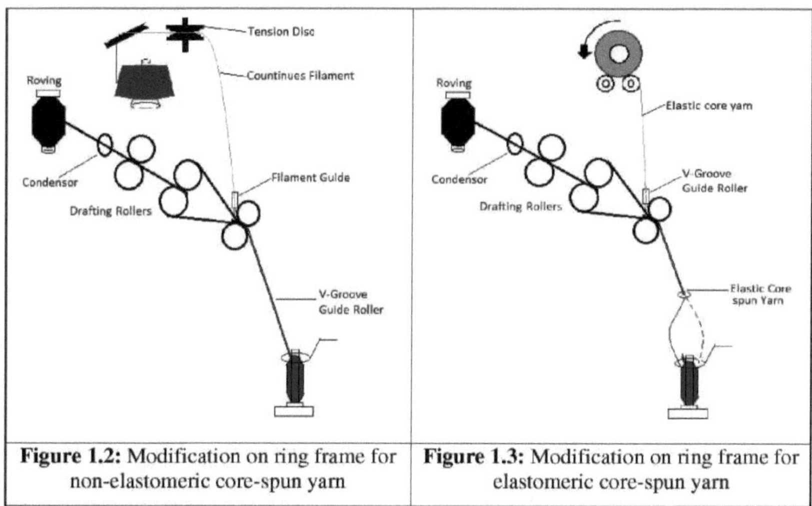

Figure 1.2: Modification on ring frame for non-elastomeric core-spun yarn	**Figure 1.3:** Modification on ring frame for elastomeric core-spun yarn

1.6.2 Estrutura giratória de anéis de tipo sanduíche

Embora as técnicas anteriores (antigas) sejam viáveis, apresentam algumas dificuldades de funcionamento, especialmente no que diz respeito à separação de uma extremidade quebrada, estes problemas foram essencialmente pela conceção de canais de fibra abertos e não restritivos, como nas figuras 1.4 e 1.5 (21).

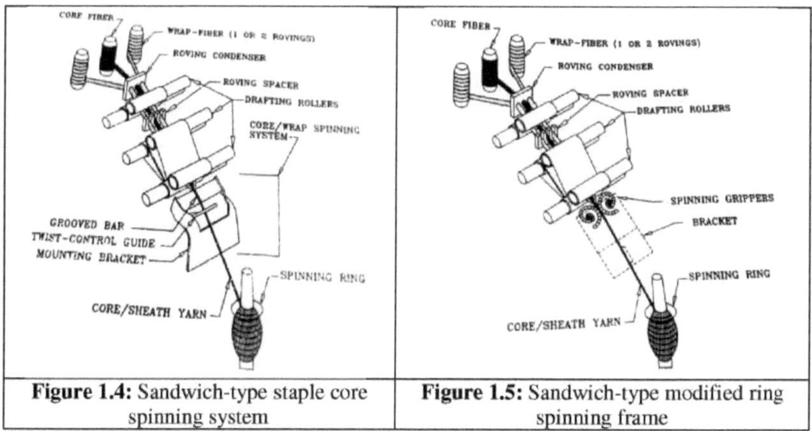

Figure 1.4: Sandwich-type staple core spinning system	**Figure 1.5:** Sandwich-type modified ring spinning frame

1.6.3 Armação de fiar a anéis nova e convencional modificada

O novo método de produção de um fio com núcleo de filamento coberto de fibras descontínuas curtas numa estrutura de fiação de anéis modificada utiliza a mesma "sanduíche Wrap-Core-Wrap".

As figuras 1.6 e 1.7 mostram um esquema do novo sistema de fiação de núcleos de filamentos (22).

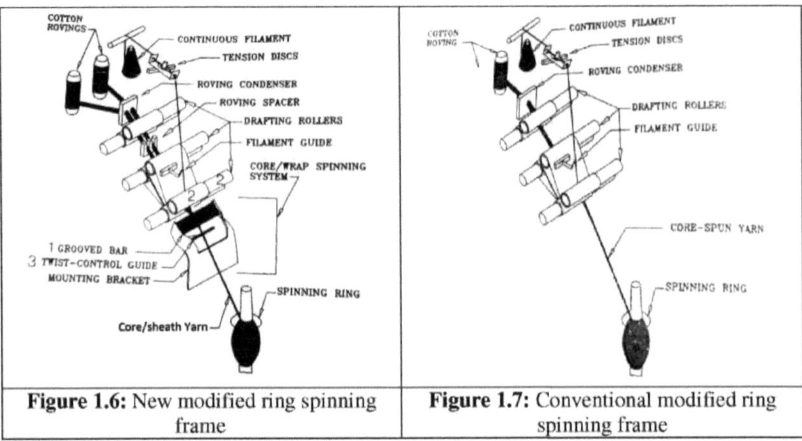

Figure 1.6: New modified ring spinning frame	**Figure 1.7:** Conventional modified ring spinning frame

1.6.4 Passador multi-secções e um pião de anéis

Um novo método de formação do fio fiado com alma de elastómero que possui um passador multi-secção auto-concebido e um anel de armação, como mostra a figura 1.8 (23).

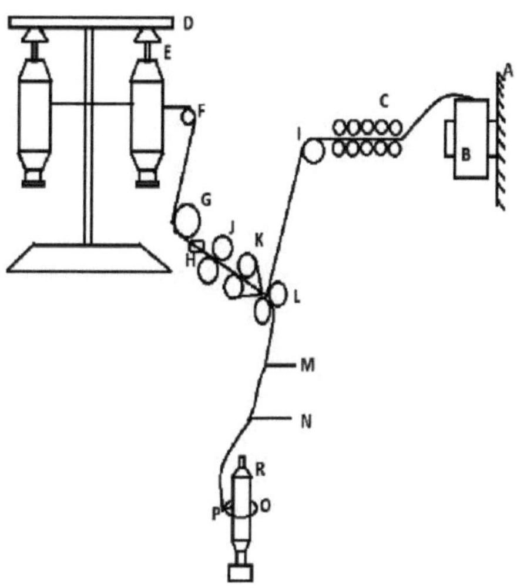

A - Cremalheira de bobinas,
B - Fibra de spandex,
C - Rolos do Passador,
D - Creel,
E - Deslocação,
F - Haste de transporte,
G - Suporte do **braço** de pressão,
H - Taça Trompete,
I - Barra de guia,
J - Rolo traseiro no anel
Girar,
K - Rolo do meio do anel
Girar,
L- Rolo dianteiro no anel
Girar,
M - Estabilizador,
N - Guia,
O - Anel do viajante,
P - Viajante,
Q - Fuso,
R - Fio elástico fiado com núcleo

Figura 1.8: Estruturador de trefilação com várias secções e um pião de anéis

1.6.5 Método modificado de três fios (TSMM) em estrutura de fiação em anel

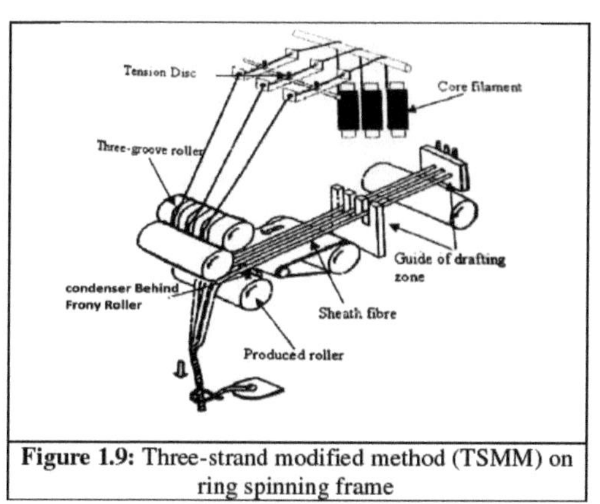

Figure 1.9: Three-strand modified method (TSMM) on ring spinning frame

O TSMM é semelhante ao sistema Siro Spinning, mas com uma grande diferença. Neste método, os fios são fiados utilizando três mechas de roving como fibras de bainha e três mechas de fio de filamento como núcleo. Uma mecha passa através de uma zona de estiragem com uma distância de 12,5 mm **entre si** e três núcleos juntam-se à bainha antes do rolo frontal (Figura 1.9). Para produzir um fio core-spun com o método de três fios e para ter um melhor controlo sobre os fios estirados, o rolo frontal superior tem de ser mais largo do que o normal. Por este motivo, foi fabricado um rolo com 42 mm de largura para satisfazer este requisito (24).

1.6.6 Técnica de fiação de fio em cluster na fiação em anel

Produzir fio composto fiado em cluster que é composto por fibras de bainha e fio de filamento central espalhado. Modificou-se um filatório de anéis convencional com um rolo com ranhuras para permitir a alimentação do filamento central ao rolo frontal do trem de estiragem. A Figura 2.10 mostra o princípio da produção de um fio fiado em cluster. O bastidor de fiação é adaptado com um rolo ranhurado (Figura 1.11), que tem ranhuras finas (cinco ranhuras por **1** mm) para a aglomeração do multifilamento no fio composto (25).

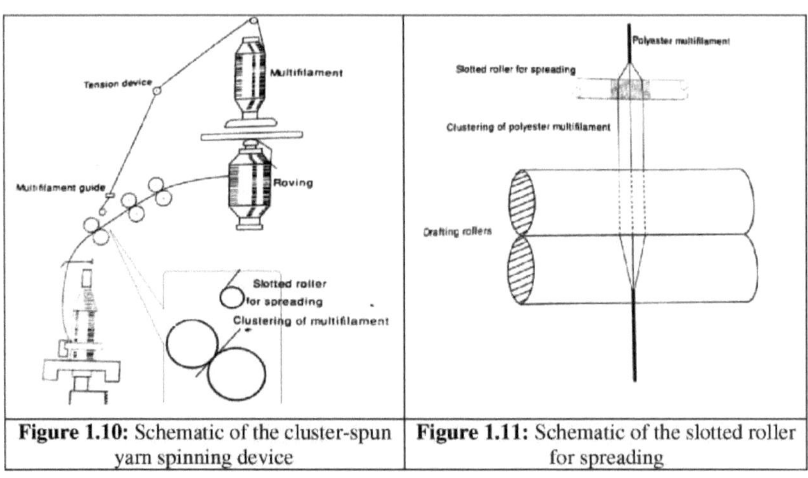

Figure 1.10: Schematic of the cluster-spun yarn spinning device	**Figure 1.11:** Schematic of the slotted roller for spreading

1.6.7 Novo rotor twister

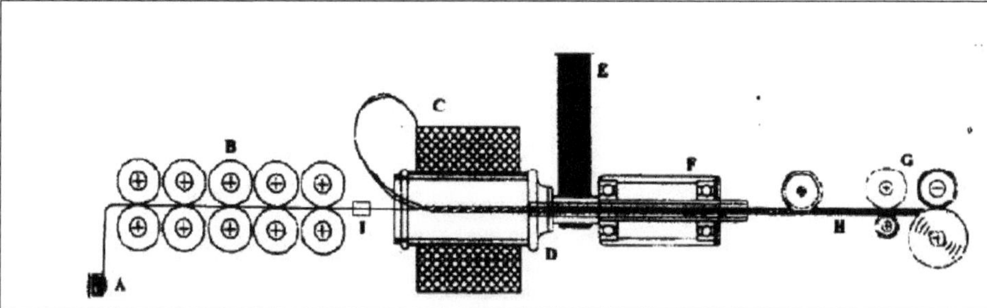

A-fibra de spandex, B-cinco pares de rolos no passador, C-filamentos, D-dispositivo de fiação a rotor no rotor twister, E-correia tangente do motor, F-manga de suporte. G- rolo de recolha, H-fio complexo elástico e I-olho de guia.

Figura 1.12: Perfil do rotor twister

Aqui desenvolveu-se um método novo e original para fabricar fios complexos altamente elásticos utilizando um passador de várias secções e um rotor twister. A velocidade máxima do rotor do rotor twister é de 30.000 rpm, pelo que a sua produtividade é elevada. Ao contrário das fibras descontínuas, não há pilosidade na superfície dos fios produzidos com o rotor twister, e a tenacidade do fio é elevada. É possível fabricar fios com várias camadas com o rotor twister, mesmo quando as contagens dos fios torcidos são baixas. Fabricar os fios complexos altamente elásticos utilizando algumas modificações como o passador de várias secções e o rotor torcido (Figura 1.12). Para manter a sua elasticidade, as fibras de spandex foram esticadas pelo passador de múltiplas secções antes de serem enviadas para o rotor de torção. O rotor foi então tapado com um tubo de papel, que foi envolvido com os filamentos. Os filamentos foram desembaraçados e arrastados pelo rolo de recolha e, em seguida, as fibras de spandex no centro do rotor foram envolvidas com os filamentos (26).

1.6.8 Rotação do rotor do equipamento original

O objetivo da construção do fio Open End Core-Spun (OECS) consiste em manter as principais vantagens do fio Open End Rotor (OER), superando simultaneamente os seus principais pontos fracos em termos de resistência à rutura e de alongamento. O diagrama esquemático da figura 1.13 mostra um processo de fiação a rotor aberto modificado para permitir que os fios sejam encaminhados para o rotor por meio de um tubo auxiliar, que actua como guia do fio (27).

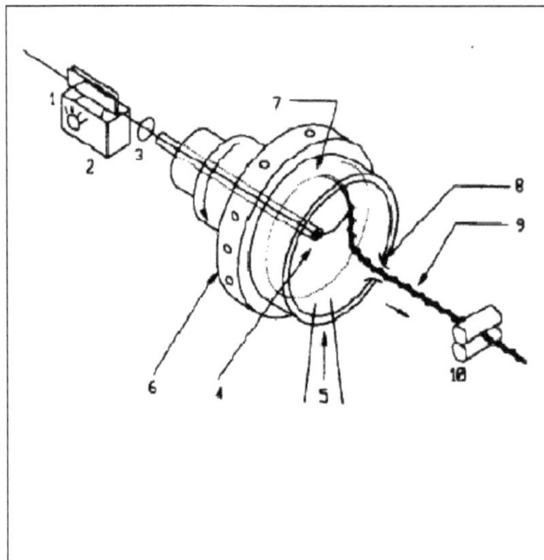

1. Fio de filamentos com textura de bainha
2. Dispositivo de controlo da tensão.
3. Guia do inhame
4. Tubo guia de inhame
5. Posição de alimentação do segundo
6. Fita de desenho
7. Proposta de rotor oco
8. Zona de formação de inhame
9. Tubo de desprendimento
10. Inhame de cobertura do OE.
11. Rolo de entrega.

Figura 1.13: Diagrama esquemático da estrutura de fiação do fio fiado com cobertura OE

1.6.9 Núcleo fiado fiação por fricção

Ali Akbar Merati (28). O núcleo foi fiado numa máquina experimental de fiação por fricção com apenas um rolo perfurado ativo. A Figura 1.14 mostra um aparelho experimental de fiação por fricção. Aqui, a pré-tensão do filamento pode ser detectada antes da zona de formação do fio utilizando um medidor de tensão, e a tensão do fio pode ser detectada com um medidor de tensão após a zona de formação do fio, entre o rolo de fricção e o rolo de entrega do fio.

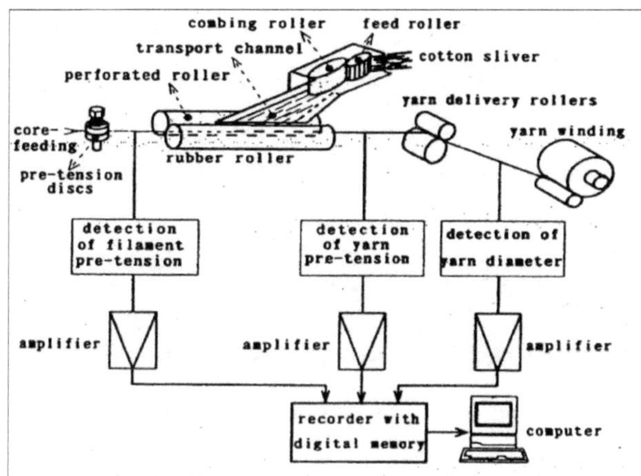

Figura 1.14: **Diagrama** esquemático da fiação por fricção do núcleo fiado

1.6.10 Sistema de fiação dupla com núcleo em anel

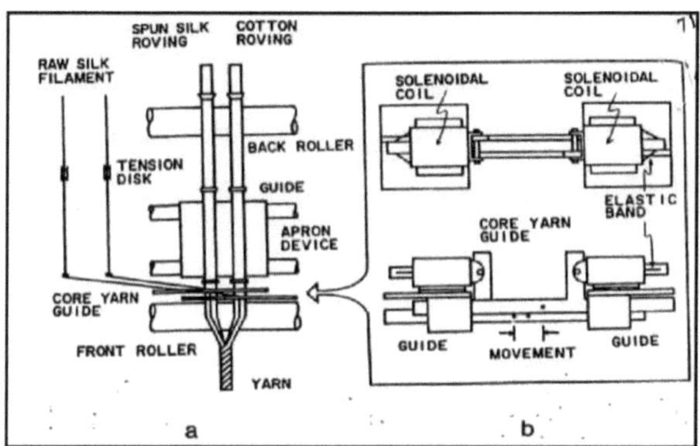

Figura 1.15: Sistema de fiação de fio com núcleo fiado em anel; (a) componente para produção, (b) aproximação do dispositivo de controlo de posição

K. Harakawa (29), Os componentes para a produção de fio duplo em filatório de anel de seda fiado são ilustrados na Figura 1.15.

1.6.11 Murata vortex spinning (MVS) com dispositivos especiais

Os quadros MVS devem dispor de um equipamento de atamento do tipo atador ou atador de emenda e de um dispositivo de alimentação de spandex para a produção de fio de vórtice fiado com núcleo. As fibras de spandex e as fibras descontínuas estiradas foram reunidas no ponto de engate dos rolos dianteiros da unidade de estiragem. O fio de filamentos de spandex foi esticado entre o rolo de alimentação positivo e os rolos frontais do trem de estiragem. O fabricante de máquinas MVS alegou que, enquanto os fios elásticos de vórtice fiados com núcleo eram produzidos, o spandex não era torcido durante a formação do fio. Por conseguinte, o spandex não sofreu danos, que são especialmente frágeis sob carga de torção, minimizando a redução da resistência do fio. Além disso, devido ao princípio MVS, o spandex do núcleo tendeu a mover-se para o centro do fio e as fibras de cobertura foram firmemente enraizadas no núcleo. Uma vez que o núcleo foi devidamente mantido pelas fibras de cobertura, o "deslizamento" na extremidade do tecido foi eliminado, reduzindo a possibilidade de "tecido sem núcleo" ou problemas nas extremidades do tecido cosido(30).

1.6.12 Fios de lã elástica produzidos por máquina de torção TFO

A torção TFO produz fios de lã elástica com o carácter de um fio de lã genuíno. Na preparação para o processo de torção, os fios individuais e os filamentos elásticos são colocados paralelamente numa bobina de dobragem. Durante o de torção propriamente dito, o fio de elastano e o feixe de fibras são torcidos um no outro no recipiente de torção. A vantagem deste processo de torção é a sua maior produtividade, uma vez que durante a torção o fio adquire uma torção de duas camadas numa rotação do fuso mecânico. Uma vez que o fio de elastano no feixe também efectua a rotação de torção, a capacidade de recuperação não é tão elevada como no caso do fio de torção revestido.

1.6.13 Máquina de fiação de fio com núcleo de jato de ar Plyfil 2000

A máquina de fiação a jato de ar Plyfil 2000 para o fabrico de fios de duas dobras fiados com núcleo, destina-se principalmente a ser equipada com um dispositivo de desenrolamento opcional para fios de filamentos. O fio de filamento de elastano estirado é alimentado a partir deste dispositivo de alimentação acionado positivamente para o ponto de corte do rolo frontal do trem de estiragem. Componentes de orientação para o fio de filamento asseguram que este é alimentado de forma a ficar totalmente incorporado nas fibras. Dois fios são fiados simultaneamente em posições de fiação Plyfil adjacentes e são enrolados de forma montada em pacotes de recolha (31).

Capítulo 1.7 Métodos das técnicas do fio de cobertura do núcleo

1.7.1 Método de cobertura de ar

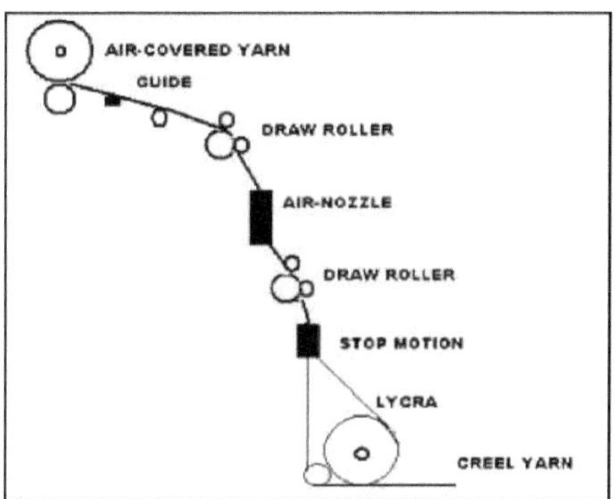

Figura 1.16: Máquina de cobertura de ar

A mistura de ar é um processo em que a alma de elastina e o fio multifilamento são alimentados através de um jato de ar pressurizado, que sopra os filamentos do fio de revestimento, fazendo com que se misturem parcialmente à volta da alma. A qualidade do fio recoberto de ar depende do número de fendas ou do comprimento da laçada no fio. O número de fios diminui com o aumento do denier do filamento e da pressão do ar e diminui com a diminuição da velocidade de entrega. A frequência dos cortes aumenta geralmente com o aumento da pressão do ar no bocal e diminui com o aumento da velocidade de entrega. A percentagem de spandex na alma do fio revestido a ar aumenta com a diminuição do denier do filamento. O fio revestido a ar apresentou melhor estiramento e alongamento a maior velocidade e baixa pressão de ar no bocal.

Para tornar o fio de Lycra tecível ou tricotável, o fio de Lycra é coberto com diferentes fibras, como o algodão, o nylon, a lã, o rayon, o poliéster, o acrílico, etc. Este tipo de fio de Lycra revestido tem menos elasticidade do que o fio simples e pode ser facilmente tecido ou tricotado. Nesta categoria, estão disponíveis três tipos de fios. Trata-se dos fios com cobertura simples, dos fios com cobertura dupla e dos fios com mistura de alma (32).

Os fios com cobertura de ar são classificados em dois grupos: elásticos e não elásticos. A alma de todos os fios com cobertura de ar é o spandex. A procura de fibras elásticas continua a aumentar devido às vantagens básicas dos fios elásticos, tais como uma maior resistência por tamanho (maior tenacidade), uma maior uniformidade em termos de tamanho, resistência e outras caraterísticas físicas, um módulo inicial mais elevado ou resistência ao estiramento que contribui para uma melhor formação da laçada e para a redução do enrugamento das costuras, uma maior resistência à abrasão e durabilidade (33).

1.7.2 Novo método combinado de cobertura de ar

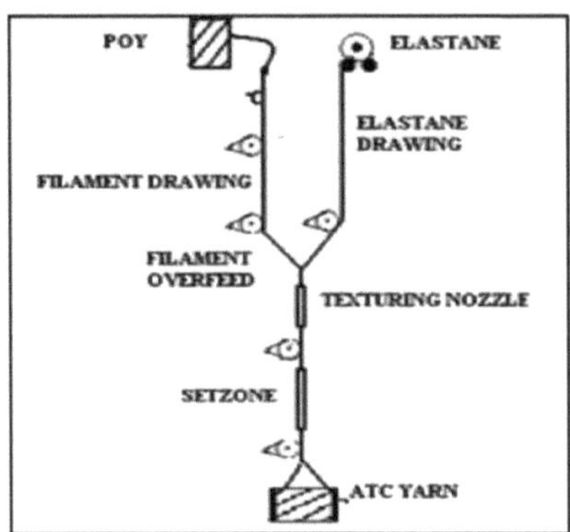

Figura 1.17: Novos processos de combinação

Novo processo combinado de produção de fio com alma e capa, como mostra a Figura 1.17. Este método permite alimentar a matéria-prima como POY (partially Oriented Yarn).

Este método combinava os processos de estiragem, texturização e cobertura de ar. Neste método, o filamento de elastano é estirado e alimentado no ponto de corte do rolo dianteiro do trem de estiragem e o fio POY é passado para a zona de estiragem. Nesta zona de estiragem, o POY é estirado e convertido em FDY (Fully Drawn Yarn) e, em seguida, este **FDY** é passado para o bocal de ar, onde o FDY é texturizado com ar e misturado com o material do núcleo (34).

1.7.3 Fios combinados entrelaçados

Os filamentos texturizados e os fios elásticos são utilizados como fios de alimentação para o processo de entrelaçamento, como mostra a Figura 1.18. Opcionalmente, podem também ser introduzidos um ou mais fios adicionais. Pode tratar-se, por exemplo, de um fio descontínuo fabricado a partir de fibras naturais. O fio de filamento é puxado da extremidade da embalagem para o processo de mistura e é esticado numa zona de estiragem inicial. Este estiramento serve para ativar a textura latente presente nos fios de filamentos mais ou menos lisos. O fio combinado entrelaçado caracteriza-se pelo seu ponto de entrelaçamento quase periódico. Nestes pontos de entrelaçamento, os filamentos individuais formam uma estrutura semelhante a uma trança, produzindo assim uma compactação do fio em intervalos. O número de pontos de entrelaçamento/unidade de comprimento, o comprimento e a distância média entre os pontos de entrelaçamento (35) constituem um sinal de qualidade na avaliação do resultado da mistura.

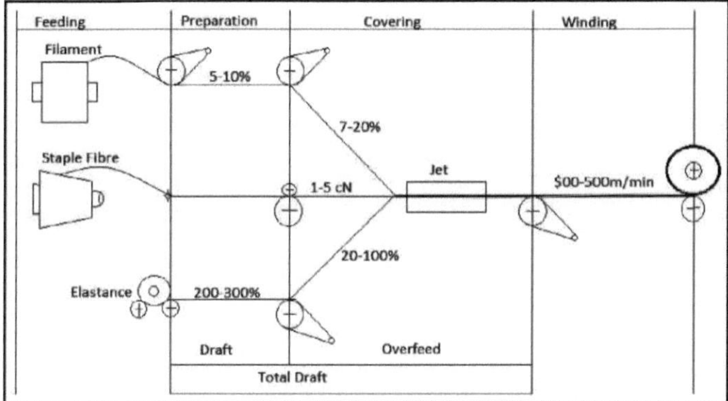

Figura 1.18: Fios combinados entrelaçados

Capítulo 1.8 Estrutura e propriedades dos fios multicomponentes

N. Balasubramanian *et al* (36) examinaram a influência da torção, da pré-tensão e das disposições de alimentação na deposição geométrica e nas propriedades de tração dos fios com alma e cobertura. Verificaram que a fiação com alma melhora a resistência dos fios a um valor inferior de torção com o material de algodão. A melhoria da resistência desaparece a um nível mais elevado de torção, ao passo que, no caso das fibras sintéticas, apresenta uma relação linear com a torção. A pré-tensão no fio com alma faz com que este permaneça mais próximo do centro para uma torção mais baixa, e a alimentação do filamento e da mecha no bocal do rolo frontal separadamente proporciona uma melhor cobertura e uma maior resistência do que a alimentação simultânea.

Hee *et al* (37) utilizaram o rácio de cobertura para avaliar a eficácia da fiação com núcleo e concluíram que o rácio de cobertura dos fios fiados com núcleo é significativamente influenciado pela torção, mas não pelo rácio entre o peso do núcleo e da bainha, pela velocidade do fuso ou pela carga do rolo frontal. Também estudaram o impacto da estrutura da bainha do núcleo nas propriedades de tração do fio fiado com núcleo em anel utilizando três filamentos diferentes e foi criado um modelo mecânico com base no conceito de fio fiado com núcleo como sistema mecânico. A partir deste estudo, referiram que a estrutura do fio com filamento central e agrafos na bainha tinha o efeito de reduzir o modelo elástico. A torção conferida a estes fios tem um efeito diferente na tenacidade do fio. O alongamento de rutura dos fios fiados com núcleo foi afetado por diferentes torções.

Ching-luan Su *et al* (38) estudaram a estrutura do fio elástico fiado com núcleo e investigaram o efeito da taxa de estiragem e do ângulo de alimentação do spandex na estrutura e no desempenho do fio. Neste estudo, utilizaram um rolo de alimentação adicional com uma taxa de estiragem e um ângulo de alimentação variáveis. A secção transversal dos fios foi observada e classificada em quatro classes de acordo com a posição do spandex, tais como tipo centro, centro - 1/3R, tipo 1/3R-2/3R e tipo raio. De seguida, foram observadas as curvas de alongamento da carga e a recuperação elástica destes fios. O seu estudo revelou que o ângulo de alimentação do spandex afecta a posição, ou seja, a estabilidade dos fios. Quanto maior for o ângulo de alimentação, menor será a vibração do spandex e maior será a estabilidade, ou seja, o spandex ficará mais próximo da posição central. À medida que o ângulo aumenta, a resistência e a estabilidade dos fios também aumentam. O coeficiente de estiragem afecta principalmente a recuperação elástica do fio, quanto mais elevado for o coeficiente de estiragem, maior será a recuperação elástica dos fios.

Kakvan *et al* (39) estudaram o efeito do rácio de estiragem e do posicionamento do núcleo elástico nas propriedades físicas dos fios fiados com núcleo, variando o rácio de estiragem em quatro níveis (2,2 a 4,41) e a posição do núcleo mantida no centro, à direita e à esquerda. Os fios foram comparados em termos de pilosidade, irregularidade e cobertura de fibras. O seu estudo indicou que o aumento do rácio de tração dos fios elásticos aumenta a irregularidade e a cobertura das fibras. A alimentação do fio na extremidade esquerda da fita de mecha deteriora a uniformidade e a alimentação no centro aumenta a pilosidade, mas a posição do fio elástico não tem qualquer efeito nas propriedades de tração e de cobertura das fibras.

O. Babaarslaan *et al* (40) estudaram o efeito do material da alma na estrutura do fio e nas propriedades dos fios fiados com alma. Utilizaram poliéster texturizado, fios de filamentos de nylon e Lycra como material de alma. Verificaram que o fio fiado com alma contendo Lycra tem uma tenacidade inferior, mas uma maior recuperação elástica e pilosidade.

Haixia Zhang *et al* (41) estudaram o efeito do rácio de sobrealimentação nas caraterísticas da superfície dos fios, tais como o diâmetro do fio, a posição radial relativa do filamento, o nível de torção do fio e a irregularidade e pilosidade do fio. A direção do percurso do fio foi estudada com a técnica da fibra traçadora. Concluíram que o rácio de alimentação tinha um efeito notável na trajetória do filamento no fio compósito. À medida que a tensão do filamento aumenta com a diminuição do rácio de sobrealimentação do filamento, o filamento moveu-se da superfície para o passo central do fio composto, o passo do percurso do filamento aumentou com a torção do filamento e a superfície do fio composto foi melhorada com o fio fiado com rotor normal.

Ching-Iuan Su *et al* (42) afirmam que é possível produzir um fio elastomérico mais fino com uma estrutura uniforme e um melhor efeito de cobertura. O controlo adequado da tensão do elastómero e a utilização de um dispositivo de guia do fio ajudam a manter o elastómero no centro do fio, melhorando assim a qualidade do fio elastomérico. Durante a torção do fio elastomérico, o elastómero é posicionado quase no centro do fio, apesar do efeito da migração. Os resultados experimentais mostram que o fio elastomérico fino de 10 tex apresenta uma melhor percentagem de recuperação elástica dinâmica (DER) com um rácio de estiragem de spandex de 4,0 e um fator de torção do fio de 40.

A. Das & R. Chakraborty estudaram o efeito da interação entre o estiramento elástico, a proporção do núcleo de elastano e os multiplicadores de torção nas propriedades físicas e mecânicas dos fios fiados com núcleo de elastano-algodão extensível. Os fios fiados com alma são produzidos numa estrutura de anel modificada. É estudado o efeito da interação combinada das variáveis acima referidas em várias caraterísticas dos fios, como a tenacidade, o alongamento de rutura, o atrito entre o fio e o metal, a recuperação elástica e a pilosidade. Observa-se que os parâmetros acima referidos têm um impacto significativo em todas as caraterísticas do fio, exceto no alongamento de rutura (43).

Os fios recobertos de ar (44) produzidos com um aumento do nível de torção da bainha de poliéster de 0 a 240 voltas por metro revelam um efeito significativo no que respeita à densidade, ao atrito entre o metal e o fio, à força de tração e ao alongamento na rutura, mas não revelam qualquer efeito significativo na densidade linear. A tração e o alongamento na rutura aumentam até um certo limite e depois começam a diminuir com o aumento da torção do material da bainha.

Os fios recobertos de ar (45) com núcleo elástico e cobertura de poliéster foram fabricados com vários parâmetros de processo da máquina de recobrimento de ar, tais como a alimentação excessiva do jato, a relação de estiramento do fio elástico, a pressão do ar do bocal e a velocidade de entrega. Os fios cobertos de ar foram avaliados quanto a várias caraterísticas, tais como densidade linear, recuperações elásticas estáticas e dinâmicas, propriedades de tração, vista longitudinal e encolhimento em água a ferver. Os resultados foram analisados estatisticamente. A velocidade de entrega, o excesso de alimentação do jato e o rácio de estiragem de Lycra mostraram um efeito significativo na densidade linear e na recuperação elástica dinâmica do fio revestido a ar. No entanto, a pressão do ar mostrou uma influência significativa na recuperação elástica do fio revestido a ar. A elasticidade estática dos fios foi significativamente influenciada apenas pelo rácio de estiragem de Lycra.

A resistência e o alongamento de rutura dos fios foram significativamente influenciados pelo excesso de alimentação do jato, pelo rácio de estiragem de Lycra e pela pressão do ar. Não há efeito da velocidade de entrega na resistência e no alongamento dos fios. A retração dos fios em água a ferver foi significativamente influenciada por todos os parâmetros do processo.

A estabilidade dimensional dos fios recobertos de ar (46) produzidos com um baixo coeficiente de estiragem de lycra é melhor do que a dos fios produzidos com o coeficiente de estiragem mais elevado.

Capítulo 1.9 Tecnologia de tricotagem

As malhas fabricadas com mais camadas por polegada serão mais estáveis e rígidas na direção horizontal e tenderão a encolher menos nessa direção. Se houver mais camadas por polegada, o tecido de malha será mais estável e encolherá menos na direção do comprimento. Uma construção de malha solta com menos fios e camadas por polegada tende a esticar, a ceder e a esgarçar facilmente. A utilização de mais fios e camadas por polegada cria uma malha que tem uma boa recuperação do estiramento.

As malhas em ponto de canelado têm pontos puxados para ambos os lados do tecido, o que produz colunas de caneluras tanto na frente como no verso do tecido. O ponto canelado produz tecidos com uma excelente elasticidade (47).

Capítulo 1.10 Estrutura e propriedades dos tecidos elásticos

Existem várias formas de produzir os tecidos elásticos. A elasticidade do tecido é muito inferior à da fibra elastomérica devido à restrição da estrutura da fibra dura. Os fios de elastómero são muito eficazes no domínio das aplicações desportivas. É suficiente para fornecer propriedades de estiramento desejáveis de um tecido de estrutura tecida e tricotada, mesmo com uma percentagem mais baixa, como 2 a 3% de elástico.

J . Mixtmann *et al* (48) explicam o efeito da construção do tecido nas propriedades elásticas dos tecidos que contêm fios de elastano, na medida em que a afirmação original "a tensão do fio de trama não teve qualquer efeito óbvio no comportamento elástico" não pôde ser confirmada através da medição dos valores de absorção de força e de alongamento residual. O teste mostrou que a absorção de força aumenta com uma tensão elevada do fio de trama e, o que é particularmente importante, o alongamento residual também aumenta.

Serkan Tezel *et al* (49) estudaram o efeito da marca de spandex e do fator de estanquicidade nas propriedades dimensionais e físicas dos tecidos de jersey simples de algodão/spandex. O estudo mostrou que a marca de spandex tem uma influência significativa no peso, no comprimento do laço, na densidade, na espessura e na permeabilidade ao ar dos tecidos.

K . Regenstein (50) afirma que qualquer curva de tensão/deformação de tecidos elásticos é constituída por duas partes: a curva de carga ascendente e a curva de carga descendente. Para o utilizador final, a curva sem carga é a mais importante. Ao vestir a peça de vestuário, o utilizador sente a curva de carga. Quando o corpo sente a potência (inferior) da curva de descarga, a peça de vestuário relaxa. A curva de carga é importante quando se produz um tecido elástico estreito, uma vez que o fio elástico é sempre utilizado sob tensão. Além disso, no tecido, o fio elástico está sempre sob tensão. Caso contrário, não haveria qualquer efeito funcional.

Phillip W et *al* (51) afirmam que os resultados correspondentes para os tecidos elastoméricos apresentam resultados muito diferentes. Os tecidos elastoméricos apresentam uma diminuição grande e significativa da resistência ao fluxo a pressões mais elevadas. A diminuição da resistência ao fluxo de ar apresentada pelos tecidos elastoméricos indica que os materiais alteram as suas propriedades de fluxo de ar em função da carga de pressão de ar aplicada. Estes materiais podem ser considerados como estruturas adaptativas que mudam de configuração quando necessário e regressam às suas propriedades originais quando a tensão aplicada deixa de estar presente.

Bayazit Marmarali (52) analisa as propriedades dimensionais e físicas dos tecidos de algodão e de algodão/spandex de jersey simples e conclui que estes parâmetros são afectados pela quantidade de spandex no tecido e pelo comprimento da ansa. Verifica-se que os valores do comprimento do laço não dependem da quantidade de spandex. Por outro lado, os valores do espaçamento entre as malhas e o fio das amostras de algodão/elastano são menores porque os tecidos tendem a ser mais apertados. O peso e a espessura dos tecidos de algodão/elastano com banho completo são mais elevados, mas a permeabilidade ao ar, os graus de pilling e o grau de espiralidade são inferiores aos dos tecidos de algodão/elastano com meio banho e dos tecidos de algodão, respetivamente. É igualmente evidente que as variações dimensionais em termos de largura dos tecidos tricotados apenas com algodão são mais elevadas, enquanto as variações em termos de comprimento dos mesmos tecidos são menores após o relaxamento.

Normalmente, é cerca de 98% algodão e 2% spandex para um pouco daquela elasticidade que todas nós adoramos. Esta mistura proporciona-nos uma grande facilidade de movimentos e, ao mesmo tempo, algum apoio para aqueles "pontos problemáticos" de que não gostamos tanto, à volta das ancas ou das coxas. As calças de ganga com elasticidade são um dos segmentos de crescimento mais rápido do mercado feminino para os fabricantes de calças de ganga (53).

D. Gorjance e M. Bizjak estudaram os parâmetros de construção e as suas influências na deformabilidade, especialmente para os tecidos elásticos com fios de elastano, o que é muito importante para a produção de vestuário. O mercado está saturado de tecidos com várias propriedades de construção e compósitos. Conhecer o comportamento de vários tecidos construídos durante a produção e a utilização final é muito importante para escolher um tecido adequado para a confeção de roupas a um preço razoável.

O conhecimento dos parâmetros de construção do tecido é a base para a análise do comportamento de deformação do tecido por carga longitudinal. Devido a este facto, foram realizados vários estudos de investigação sobre o comportamento dos tecidos após a aplicação de uma carga externa (54).

A caraterística mais importante do elastano é a sua capacidade de esticar. Pode ser esticado até um grande comprimento e depois também recupera a sua forma original. Pode, de facto, ser esticado até quase 500% do seu comprimento. É leve, macio, suave, flexível e mais durável e tem uma capacidade retroactiva superior à da borracha. Como tal, quando o elastano é utilizado para confecionar qualquer vestuário, proporciona o melhor ajuste e conforto e também evita o ensacamento e a flacidez da peça de vestuário. É também termoestável, o que significa que facilita a transformação de tecidos enrugados em tecidos planos, ou de tecidos planos em formas arredondadas permanentes. As fibras ou tecidos de elastano podem ser facilmente tingidos e também resistem aos danos causados por óleos corporais, transpiração, loções ou detergentes. Estes tecidos também são resistentes à abrasão. Quando o spandex é cosido, a agulha causa poucos ou nenhuns danos devido ao "corte da agulha", em comparação com os tipos mais antigos de materiais elásticos (55).

Rostam Namiranian *et al* (56) estudaram o efeito da extensibilidade do tecido e da densidade dos pontos no deslizamento da costura e no comportamento da resistência do tecido elástico. As propriedades de tração do tecido, a carga de deslizamento da costura e a resistência da costura foram medidas e analisadas nas direcções da teia e da trama. Em geral, o aumento da extensibilidade do tecido leva à diminuição da carga de deslizamento da costura e da resistência da costura na direção da trama. No sentido da teia, a carga de deslizamento da costura também diminui com o aumento da extensibilidade da trama do tecido, ao passo que a resistência da costura permanece invariável.

Mourad M. M *et al* (57) estudaram os tecidos de algodão que continham diferentes taxas de fibra de spandex. Os resultados obtidos no presente trabalho indicaram que a quantidade de spandex tem uma influência significativa nas propriedades físicas e elásticas do tecido. A contração do tecido aumenta com o aumento da taxa de spandex. A resistência à tração do tecido diminui com a taxa de spandex do tecido, enquanto o alongamento de rutura do tecido aumenta devido ao maior alongamento da fibra de spandex.

A permeabilidade ao ar e a resistência ao rasgamento diminuíram significativamente com o aumento da taxa de spandex. A análise estatística provou que o estiramento máximo e a recuperação elástica do tecido aumentam com a taxa de spandex no tecido. Por outro lado, existe uma relação negativa entre a taxa de spandex e o crescimento do tecido.

A. Das e R. Chakraborty estudaram o efeito de interação da elasticidade do elastano, da proporção do núcleo de elastano e do multiplicador de torção nas propriedades mecânicas de tração e de baixa tensão dos tecidos fabricados a partir de fios fiados com núcleo de elastano-algodão extensível. Observou-se que as caraterísticas mecânicas de tração e de baixa tensão dos tecidos fabricados com fios fiados com núcleo de elastano são significativamente influenciadas pelos parâmetros do processo. Mas não se observa nenhuma tendência específica no alongamento de rutura do tecido para nenhuma das variáveis do processo (58).

LubosHes *et al* (59) estudaram que o atrito entre a pele e a superfície do tecido é um parâmetro importante que caracteriza o desempenho de conforto do vestuário. Neste estudo, foi investigado o efeito da humidade no coeficiente de atrito do tecido de malha, considerando diferentes rácios de elastano. Verificou-se que, com o aumento do nível de humidade no tecido, o coeficiente de atrito se torna estável acima do valor de recuperação de humidade de 40%. O tecido que contém fios de elastano em todas as camadas alternadas e a estrutura elevada apresentam o coeficiente de atrito mais elevado do tecido valor.

Alsaid Ahmed Almetwally *et al* (60) estudaram as propriedades relacionadas com o manuseamento dos tecidos de fios compactos e de anéis tecidos com estes fios. Os fios compactos foram fiados em diferentes sistemas de compactação pneumática, nomeadamente Rieter, Toyota e Suessen. Cada fio fiado em anel e compacto foi tecido em tecidos com três estruturas de trama diferentes, ou seja, 1/1 liso, 3/3 sarja e cetim 6. Todas as amostras de tecidos foram testadas quanto à sua extensibilidade, rigidez à flexão, rigidez ao corte, compressibilidade e maleabilidade utilizando o sistema de avaliação FAST. Verificou-se que a estrutura dos tecidos tem uma influência profunda em todas as propriedades relacionadas com o manuseamento. Os tecidos de algodão com estrutura de trama simples superaram as outras estruturas de trama em todas as propriedades de manuseamento.

Saber Ben Abdessalem *et al* (61) estudaram que os requisitos em termos de conforto de utilização com roupa interior e exterior macia estão intimamente ligados à utilização de fibra de elastano. Atualmente, o tecido jersey revestido a elastómero é um dos tecidos mais comuns produzidos com uma máquina de tricotar circular de grande diâmetro. O objetivo deste trabalho foi investigar a relação entre o consumo de lycra e o comportamento dimensional e elástico do tecido.

Os resultados obtidos no presente trabalho indicaram que a quantidade de elastano tem um efeito significativo nas propriedades dimensionais e elásticas do tecido de malha. O peso do tecido diminui, enquanto a largura do tecido e o rácio de recuperação aumentam à medida que o consumo de lycra aumenta no interior do tecido.

As propriedades do algodão são limitadas devido às suas origens naturais, pelo que o elastano é cada vez mais utilizado para conferir um grande nível de elasticidade e uma recuperação mais dimensional. A sua ligeira elasticidade contribuiria para o conforto e a resistência ao enrugamento da peça de vestuário. Pode ser adicionado no sentido do comprimento, no sentido transversal ou em ambas as direcções, tanto em tecidos como em malhas. Uma vez que a elasticidade e a recuperação elástica são tão importantes nos tecidos, o estudo destas propriedades é extremamente necessário. Os resultados de tais avaliações seriam úteis para criar variedades de vestuário.

M. Senthilkumar *et al* (62) estudaram que a análise do comportamento elástico dinâmico é uma avaliação objetiva do comportamento de estiramento e recuperação dos tecidos elásticos ou do vestuário apertado. A análise desta dinâmica ajudará a reestruturar novos produtos para melhorar a resistência, a velocidade e a potência do desportista, uma vez que um tipo específico de vestuário não serve o objetivo de todos os tipos de eventos desportivos. O estudo tem por objetivo analisar o efeito da tensão de entrada do spandex, da densidade linear do spandex e do comprimento do laço do fio de algodão na recuperação dinâmica do trabalho de um tecido de malha de algodão/spandex. O efeito de diferentes fases de processamento, tais como relaxamento, aquecimento, branqueamento e compactação na recuperação dinâmica do trabalho do tecido de malha de algodão/spandex foi analisado neste estudo. O efeito das diferentes fases de processamento no DWR do tecido tem uma influência significativa. O efeito da tensão de entrada do spandex e do comprimento do laço do fio de algodão no DWR do tecido foi significativo em qualquer direção. O efeito da densidade linear do spandex sobre o DWR do tecido foi significativo tanto na direção do curso como na direção dos galões.

A. Das *et al* (63) realizaram um estudo sobre um novo instrumento computorizado que foi desenvolvido para registar a pressão aplicada por ligaduras médicas em tempo real. Com base nos resultados, foram recomendadas determinadas caraterísticas para alterar as ligaduras ideais. As ligaduras com maior massa por unidade de área e maior extensibilidade deformável mostram uma queda mais rápida e maior da pressão interna ao longo de um período de tempo. A redução da pressão interna é minimizada pelo aumento do número de ligaduras enroladas ou dobradas. O comportamento de carga e descarga do fio elástico é quase idêntico e linear, mas a maior parte dos fios são viscoelásticos de natureza não linear, o que produzirá uma área de histerese. Quanto maior for esta área, maior será a perda de energia e menor será a recuperação do tecido. O tecido elástico deve ter uma recuperação elástica mais elevada com uma perda de energia mais baixa, para que o utilizador beneficie de um ajuste justo. O DER ajuda a avaliar instantaneamente a resposta do vestuário ao movimento do corpo (64).

M. Senthilkumar *et al* (65) estudaram que os tecidos elásticos são sobretudo utilizados no fabrico de vestuário desportivo justo devido à facilidade de movimento do corpo e à rápida recuperação. Estas peças de vestuário destinam-se normalmente a actividades desportivas de curta duração, sempre que a pessoa necessita de energia e potência sem restrições. A análise do efeito da lavagem nas actividades funcionais dos tecidos ou do vestuário é necessária porque o vestuário elástico não é um produto que se usa e deita fora. A avaliação da recuperação dinâmica do trabalho (DWR) e do valor da tensão para a extensão aplicada é necessária para estudar a perda de energia ou o ganho de potência pelo desportista que usa o vestuário elástico. O presente estudo tem por objetivo analisar o efeito da lavagem no comportamento elástico dinâmico dos tecidos de algodão e de algodão-spandex. Foram selecionados ciclos de lavagem como a ausência de lavagem, a primeira lavagem, a segunda lavagem, a quinta lavagem, a décima lavagem e a vigésima lavagem, e o efeito da lavagem foi estudado comparando o tecido de malha de algodão e spandex com o tecido 100% algodão. Conclui-se que o efeito da lavagem não influencia os valores de DWR e de tensão, tal como na extensão específica dos tecidos de malha de algodão e de algodão-spandex. Este estudo ajudará a melhorar o desempenho de lavagem dos tecidos elásticos.

Os factores de desempenho e conforto do vestuário durante a utilização são muito importantes. Geralmente, o alongamento confortável dos tecidos de acordo com os movimentos do corpo, bem como a recuperação após o alongamento, são boas propriedades desejáveis. Nos últimos anos, devido à procura de vestuário mais confortável, mais ajustável ao corpo e com caraterísticas extensíveis, os tecidos de ganga com elastano para uso casual têm sido cada vez mais preferidos.

Nilgun Ozdil (66) estudou as caraterísticas de desempenho de cinco tecidos de ganga diferentes que continham várias percentagens de elastano. Em seguida, foram testadas as propriedades mecânicas, tais como a resistência à tração e ao rasgamento, a rigidez à flexão, o alongamento (alongamento, alongamento máximo, alongamento permanente, recuperação elástica) e as caraterísticas de ensacamento dos tecidos. Os resultados foram avaliados estatisticamente, e as diferenças entre os valores médios foram consideradas significativas. Os resultados dos testes revelaram que o aumento da quantidade de elastano utilizado no tecido de ganga oferece propriedades de conforto melhoradas.

B. Qadir, T. Hussain & M. Malik (67) estudaram o comportamento dos tecidos que contêm fios de elastano e concluíram que o teor de elastano afecta significativamente as propriedades viscoelásticas dos tecidos que contêm fios de elastano fiados em série. A capacidade de tecelagem de vários fios com elastano também foi investigada. Num estudo sobre o comportamento de estiramento e ensacamento de ganga com fios de elastano, concluiu-se que a quantidade de elastano melhora significativamente o conforto da ganga. Noutro estudo sobre o efeito da relação de estiragem do elastano e do coeficiente de torção do fio, verificou-se que a fadiga de ensacamento dos tecidos é reduzida utilizando uma maior estiragem de elastano e um menor coeficiente de torção. O efeito da fibra de elastano na mobilidade estrutural dos tecidos também foi estudado, tendo-se verificado que a mobilidade estrutural do tecido pode ser garantida através da utilização de fibras de elastano em ambas as direcções do tecido.

A permeabilidade ao ar (68) é o fator importante que determina a taxa de transmissão de vapor de humidade do tecido. O volume do fio provoca uma maior abertura na estrutura do fio. Estas caraterísticas do fio revestido de poliéster/lycra provocam uma maior passagem de ar através dele, o que resulta num valor mais elevado de permeabilidade ao ar. À medida que a estrutura do tecido muda de lisa para sarja, há um aumento do comprimento de flutuação dos fios, o que provoca um aumento da permeabilidade ao ar e da taxa de transmissão do vapor de humidade do tecido.

Capítulo 1.11 Métodos de avaliação de fios e tecidos multicomponentes

Cada material tem uma propriedade intrínseca que deve ser avaliada para a engenharia do fio ou do tecido. As caraterísticas seguintes são geralmente avaliadas para os fios de revestimento do núcleo, como a resistência à tiragem, o valor do índice de ar, o teste de estabilidade do fio, o fator de cobertura do potencial de tecelagem e a recuperação elástica (69).

1.11.1 Resistência da tira

Menghe *et al* (70) explica que os fios com alma de cobertura apresentam melhores resultados do que as misturas de dois ou mais componentes. No entanto, o inconveniente do fio com alma revestida é o deslizamento do material de cobertura sobre o material da alma, o que faz com que esta fique nua, o que se designa por "strip-back" ou "barberpole". Este fenómeno pode dever-se à fricção do fio de revestimento da alma pelas amolgadelas do tear, à tração dos fios de tricô através das várias guias de fio e agulhas de tricô e à tração intermitente das linhas de costura para passarem pelos orifícios das agulhas de costura oscilantes. Assim, é normalmente necessário um elevado nível de torção para criar a coesão necessária entre a bainha e os componentes do núcleo. A elevada torção reduz a velocidade de produção e, por conseguinte, aumenta o custo de produção. Um bom fio de alma revestida apresenta uma resistência muito boa à descamação.

Existem dois métodos para testar a resistência da fita do fio de cobertura da alma. O primeiro método consiste num aparelho universal de ensaio de abrasão de tecidos com uma agulha de costura n.º 14 fixada num ângulo de 450 em relação ao plano horizontal. Uma extremidade do provete de fio é ligada ao oscilador do aparelho de ensaio de abrasão do tecido para permitir um movimento de vaivém. A amostra do fio de revestimento do núcleo é então passada através do olho da agulha de costura e tensionada por um peso na outra extremidade, como mostra a Figura 2.19. Durante o ensaio, o peso é selecionado de acordo com a densidade linear do inhame, de modo a manter o fio de revestimento do núcleo a uma tensão de 1/3 grama/tex. O número de ciclos necessários para esfregar todas as fibras da bainha num comprimento de filamento é registado e utilizado para representar a resistência ao deslizamento da bainha da amostra de inhame com núcleo.

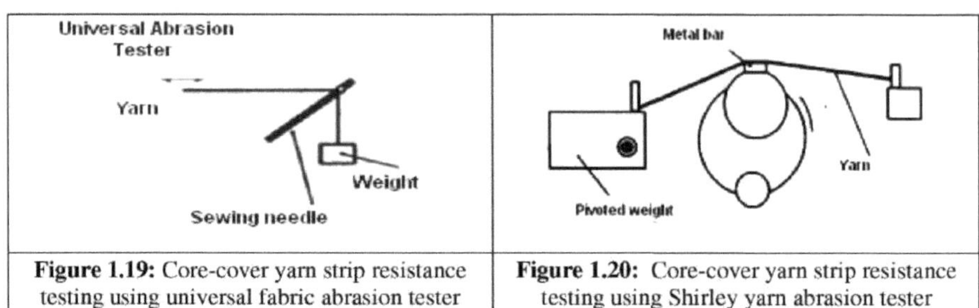

Figure 1.19: Core-cover yarn strip resistance testing using universal fabric abrasion tester	**Figure 1.20:** Core-cover yarn strip resistance testing using Shirley yarn abrasion tester

O segundo método **utiliza** um aparelho de ensaio de abrasão de fios de Shirley, como se mostra na Figura 1.20. A barra **metálica** retangular polida com cantos de pequeno raio fabricados com precisão é fixada no cilindro rotativo. À medida que o cilindro roda, a barra metálica raspa o provete e tende a empurrar as fibras da bainha para o lado esquerdo. Quando **as** fibras da bainha são empurradas para o lado e os filamentos do núcleo estão completamente expostos na posição de raspagem, o fio é cortado com uma tesoura. O aparelho de ensaio regista automaticamente o número de ciclos realizados desde o início do ensaio. Este valor é considerado como a resistência ao deslizamento da bainha do provete.

1.11.2 Fator de cobertura do fio de cobertura do núcleo

M. C. Burji *et al* (71) afirmam que este método ajuda a conceber o fio de cobertura do núcleo com uma boa cobertura e uma resistência satisfatória à rutura, o que permite tricotar e tecer sem dificuldade. O fator de cobertura do fio pode ser **avaliado** pelos seguintes métodos O método subjetivo de determinação do fator de cobertura consiste na simples observação visual do fio. O método objetivo de medição do fator de cobertura relativo consiste em utilizar um sistema informático de análise de imagem para analisar a superfície do fio (ou do tecido de malha de laboratório feito a partir dele). A fração de área (AF) da área total **digitalizada** do fio ou do tecido composta por regiões de núcleo nuas ou não cobertas foi calculada para determinar a **diferenciação** ótica ou o fator de cobertura do fio (CF = 100 - 100 X AF).

1.11.3 Valor Airindex

Simon De Meulemeester *et al* (72) afirmam que o valor do índice de ar é a medida da facilidade de ventilação dos fios, que se relaciona com a capacidade de tecelagem do fio de alma e cobertura nos teares a jato de ar. O Air Index Tester foi desenvolvido pela Picanol N. V. da Bélgica e determina a velocidade de um fio de trama acelerado por um bocal principal a uma pressão específica. O testador determina:

- Valor mínimo, máximo e médio do índice de ar (IA) em m/s,
- Desvio-padrão mínimo, máximo e médio do índice de ar em m/s e
- Valores mínimo, máximo e médio do coeficiente de variação da velocidade do fio (CVAI) em %.

O valor CVAI é o coeficiente de variação entre as diferentes durações de inserção do enrolamento. Valores superiores a 5% indicam um fio de fraca capacidade de tecelagem com muitas paragens de inserção. Valores entre 3% e 5% indicam fios razoavelmente tecíveis com a possibilidade de paragens ou defeitos e valores inferiores a 3% indicam fios tecíveis sem problemas significativos.

1.11.4 Teste de estabilidade do fio

A estabilidade do fio (72) é utilizada para verificar a estabilidade da parte da "capa" do fio em torno da "alma" no fluxo de ar. A configuração do ensaio, tal como indicado na figura 1.21, é constituída por uma pinça, um sensor de tensão ligado a um computador e um bocal principal, todos alinhados. Quando o fio sai do bocal principal, é medido a 28 cm e é-lhe fixado um pequeno peso. Os testes devem ser efectuados a pressões de 1 bar, 1,4 bar e 2 bar durante 5 segundos. Este método de ensaio avalia a estabilidade do material de cobertura na parte central do fio, o que pode ser útil para decidir a estabilidade do fio na tecelagem.

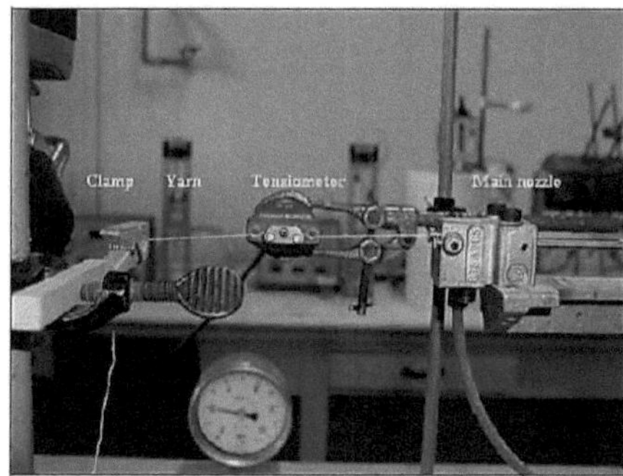

Figura 1.21: Ensaio de estabilidade do fio

1.11.5 Potencial de tecelagem de fios utilizando o testador de trama

B. K. Behra *et al* (73) estudaram para conhecer o potencial relativo de tecelagem, os fios são testados no Reutlingen Web-tester, como mostra a Figura 1.22. Este instrumento simula todas as principais tensões que ocorrem durante a tecelagem, como a extensão cíclica, a abrasão axial, a flexão e a dobragem, excluindo o batimento e o emaranhamento do fio. Estas tensões de tecelagem são aplicadas simultaneamente numa folha de fio paralelo de 15 fios mantida a uma tensão constante pré-selecionada. O instrumento regista os ciclos necessários para romper os primeiros 10 fios. O número médio de ciclos de tecelagem de cada amostra é calculado com base no número médio de ciclos registados para as primeiras 10 rupturas de fio no Webtester. Para cada rotura, a carga é reduzida em 1/15 th da carga inicial predefinida, de modo a manter uma tensão constante em cada fio durante todo o ensaio. Durante o ensaio, assim que as fibras da bainha são empurradas para o lado e os filamentos do núcleo são expostos na parte de abrasão, os fios são cortados manualmente com uma tesoura e simultaneamente registados como uma rutura no verificador Web. O instrumento apresenta igualmente o alongamento do fio resultante da fadiga e das acções abrasivas. Este equipamento está equipado com a possibilidade de alterar várias condições de ensaio, a intensidade da abrasão do fio-metal, a extensão cíclica do fio e a velocidade cíclica, etc.

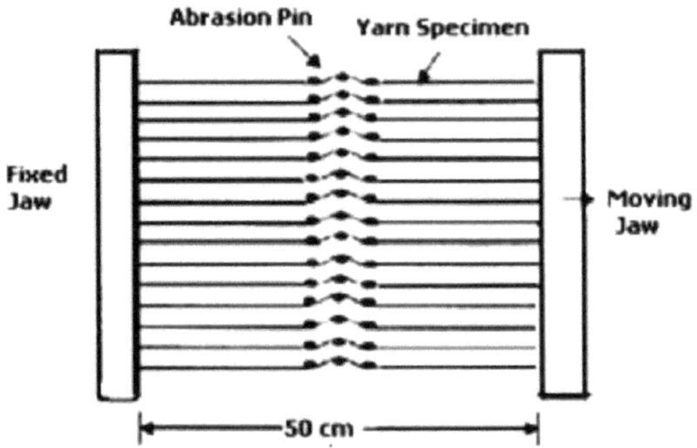

Figura 1.22: Potencial testador de banda de tecelagem de fios

1.11.6 Recuperação elástica

O fio da alma de cobertura que contém o filamento elástico tem uma elasticidade muito elevada (37). A sua elasticidade depende da quantidade de estiramento durante o fabrico e da quantidade de fio elástico. Os fios de elastina conferem propriedades elásticas significativas a todos os tipos de tecido. A sua principal função é proporcionar caraterísticas de elasticidade e recuperação controladas a todos os tecidos e peças de vestuário, proporcionando um conforto fácil e liberdade de movimentos, bem como uma retenção duradoura da forma. A recuperação elástica dos fios de cobertura da alma é avaliada através da fórmula apresentada.

$$\text{Elastic recovery (\%)} = \frac{Elastic\ elongation}{Total\ elongation}\ \text{X 100}$$

A recuperação elástica também pode ser avaliada por diferentes métodos, como se segue:

Recuperação elástica estática (SER) %:

Jia-Horng Lin *et al* (74) afirmam que a caraterística acima indica a recuperação elástica dos fios de cobertura com elastina, que tem aplicações em vestuário com poucos movimentos durante a sua utilização. No método de medição da recuperação elástica estática , prepara-se uma amostra de meada enrolando o fio no carretel de enrolamento oito vezes. Cada amostra de meada é pendurada com contrapesos de 50 g durante 1 minuto, sendo depois anotado o (L0) da amostra. De seguida, a mesma amostra é pendurada com um contrapeso de 500 g e deixada durante 1 minuto. Após um minuto, o peso de 500 g é retirado e pendurado com um contrapeso de 50 g. Mede-se então o (L1) da amostra.

A recuperação elástica do fio é calculada por.

$$\text{Static Elastic Recovery} = \left(\frac{L0 - L1}{\text{L0}} + 1\right) X\ 100\%$$

Recuperação elástica dinâmica (DER) %:

Mani Senthilkumar *et al* (75) explicam que as caraterísticas de elasticidade e recuperação do vestuário devido aos movimentos do corpo podem ser avaliadas indiretamente pelo valor DER dos tecidos em diferentes níveis de extensão. A recuperação elástica do tecido é tão importante como o alongamento. O DER ajuda a avaliar instantaneamente a resposta do vestuário ao movimento do corpo. As peças de vestuário com um bom tecido elástico são boas peças de vestuário desportivo. O grau e a direção da elasticidade determinam as utilizações finais do vestuário elástico. A análise desta dinâmica ajudará a conceber novos produtos para melhorar a resistência, a velocidade e a potência dos desportistas.

G. K. Tyagi *et al* (76) explicam que o DER ajuda a avaliar instantaneamente a resposta do vestuário ao movimento do corpo. O DER do fio ou do tecido pode ser calculado de acordo com a fórmula seguinte.

$$\text{Dynamic Elastic Recovery (DER)\%} = \left(\frac{Area\ under\ unloading\ curve}{Area\ under\ loading\ curve}\right) X100$$

Neste método de DER, o fio de elastina é testado quanto ao seu valor de DER utilizando o aparelho de teste Instron. No aparelho de ensaio Instron, o fio é aplicado com uma carga de 5 N a uma velocidade de 500 mm/minuto, com um comprimento de calibre de 50 mm durante 10 ciclos e extensão dentro do limite elástico. A curva de carga e descarga é obtida e o valor DER é calculado.

Recuperação Elástica Imediata (IR) %, Recuperação Elástica Retardada (DR) %, e Conjunto Permanente (PS) %:

G. K. Tyagi *et al* (76) afirmam que este método permite determinar o comportamento elástico do fio de cobertura da alma em função do tempo. Para a avaliação da recuperação elástica imediata, retardada e permanente do fio de elastano, é utilizado o aparelho de ensaio Instron. A amostra do fio de revestimento do núcleo é montada no aparelho de ensaio Instron com provetes de 500 mm a serem alongados a taxas de extensão de 50, 100 e 500 mm/min. O IR, DR e PS é obtido para níveis de extensão inicial de 2, 4 e 6%. Para cada nível de extensão selecionado, os fios são deixados a retrair-se completamente e depois relaxados durante 3 min, sendo depois observada a variação da extensão.

Teste de linearidade (LT):

A linearidade da curva tensão-deformação (LT) mostra alguma correlação com o cabo do material. Um valor mais elevado de LT significa uma recuperação mais elástica do fio a uma determinada carga. Os valores mais elevados de LT são sempre melhores em termos de estabilidade dimensional do fio (77). A linearidade LT é inversamente proporcional à tensão de tração, , ou seja, quanto menor for a tensão de tração para a mesma carga de tração, maior será a linearidade LT e maior será a estabilidade do sistema fundido, que regressa às suas dimensões originais após a descarga, ou seja, não atinge a deformação plástica e mantém a sua forma original. As quantidades lineares são medidas a partir da curva apresentada na Figura 1.23 (78).

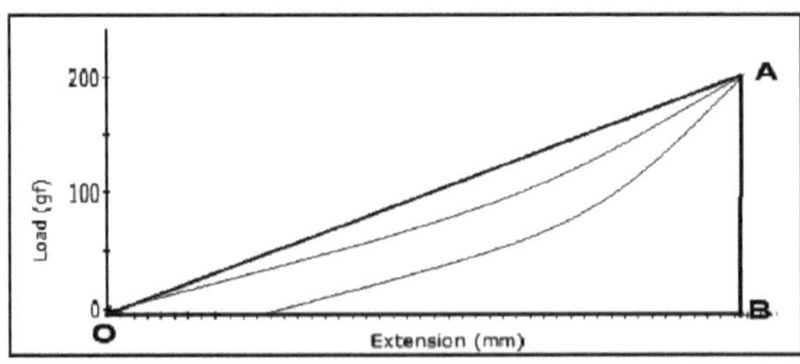

Figura 1.23: Curva de extensão de carga para linearidade

A LT do fio ou do tecido pode ser calculada através da equação (79) abaixo indicada.

$$\text{Linearity LT} = \left(\frac{Area\ Under\ the\ Loaded\ Strain\ Curve\ (WT)}{Area\ Triange\ OAB}\right) X100$$

quando LT=1. Quando LT é pequeno, a extensibilidade do tecido na gama de deformação inicial é elevada, o que proporciona conforto no uso do tecido. Além disso, quanto maior for a linearidade da carga/alongamento, melhor será a propriedade de manuseamento do tecido (80).

Rácio de recuperação (RR %):

O rácio de recuperação elástica (RR %) ajuda a avaliar a zona inelástica para examinar a recuperação do fio ou do tecido. A % de RR do fio ou do tecido pode ser calculada de acordo com a fórmula seguinte.

$$\text{Recovery Ratio } (RR)\% = \left(\frac{Max\ Elongation\ (ME) - Permanent\ Elongation(PE)}{Max\ Elongation(ME)}\right) X100$$

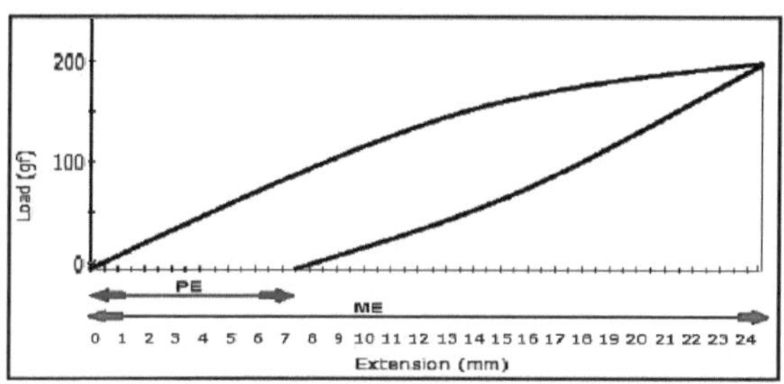

Figura 1.24: Rácio de recuperação da carga cíclica

Nos métodos de DER % e RR %, o fio de elastina é testado para determinar o seu valor de DER % e RR % utilizando o aparelho de teste Instron. No aparelho de ensaio Instron, o fio **é** aplicado com uma carga de 50 N a uma velocidade de 100 mm/minuto, um comprimento de calibre de 500 mm e uma extensão até 40 a 50% da carga de rutura dentro do limite elástico. A curva de carga e descarga é obtida e **os** seus **valores** são calculados.

1.11.7 Ensaio de deformação de sacos

B. Baghaei *et al* (81) explicam que o aspeto estético é um dos critérios mais importantes utilizados pelos consumidores para avaliar o desempenho total do tecido em termos de desgaste. A aparência de uma peça de vestuário deteriora-se durante o uso, sem sofrer qualquer dano estrutural. O ensacamento do vestuário é o exemplo típico do fenómeno, que é uma espécie de deformação residual tridimensional que causa insatisfação. Os locais onde se observa durante o uso são os cotovelos, os joelhos, os bolsos, as ancas e os calcanhares. No entanto, para além deste fator, o conforto do vestuário também é muito importante. Para evitar a deformação e reduzir o ensacamento e os efeitos secundários das alterações dimensionais em diferentes partes do corpo, foram introduzidos no material têxtil tecidos de recuperação extensíveis e altamente elásticos.

O teste de ensacamento de acordo com o método de Zhang foi efectuado em amostras. Uma amostra foi fixada num anel circular sob pré-tensão para a manter plana, depois esticada até uma altura pré-determinada (**10** mm) e regressada à posição original. A velocidade da cruzeta foi regulada para 100mm/min. Este processo foi repetido cinco vezes, seguido de um tempo de recuperação especificado de 2min sob cargas nulas. De acordo com o método de Zhang, como se mostra na equação seguinte, F_{Fadiga} dá a magnitude da fadiga do tecido ou a percentagem de trabalho perdido após um número especificado de cargas de tração cíclicas:

$$\text{Fatigue\%} = \frac{\textit{Loading work of first cycle} - \textit{Loading work of last cycle}}{\textit{Loading work of first cycle}} X\ 100$$

Para avaliar este fenómeno em pormenor, as propriedades de alongamento da amostra após cargas cíclicas foram também determinadas de acordo com a norma ASTM 3107. A elasticidade é descrita como a propriedade de recuperação de um material após a deformação. Os materiais têxteis não podem manter o seu comprimento original quando são expostos a uma força inferior à sua resistência à tração. A medida em que o material mantém o seu comprimento original depende da força aplicada, da duração da aplicação da força, da duração permitida para a recuperação e as propriedades **do** material após a deformação foram calculadas pelo rácio entre o alongamento elástico e o alongamento total. Os valores máximos de alongamento e de recuperação elástica foram calculados a partir dos resultados medidos. Para os valores de alongamento e alongamento máximo, foi utilizada a seguinte equação:

% de estiramento = [(B-A)/A] x 100

Estiramento máximo % = [(C-A)/A] x 100

A = distância marcada entre a parte superior e inferior do tecido (250 mm). B = distância entre os pontos marcados após a quarta aplicação da carga, em mm.

C = distância entre os pontos marcados após suspensão da amostra durante 30 minutos com carga, em mm.

A fadiga de ensacamento das amostras de tecido depende da relação de tração da parte central e do fator de torção do fio fiado com núcleo elástico.

1.11.8 Teste E-CTT

F. Avsar *et al* (82) afirmam que, atualmente, a indústria têxtil se baseia sobretudo nos métodos de ensaio estáticos para medir o nível de alongamento dos fios elastoméricos. Estes métodos nem sempre prevêem o desempenho dos fios durante a cobertura, tricotagem ou tecelagem devido à natureza dos ensaios. A velocidade de ensaio é um parâmetro de ensaio muito importante que afecta os resultados da extensibilidade do fio elastomérico. A maior parte dos ensaios estatísticos são realizados a velocidades de ensaio lentas e os seus resultados conduzem a expectativas optimistas sobre os níveis de alongamento a que um determinado fio pode sobreviver. O E-CTT pode ser configurado para velocidades de ensaio de 10 a 500m/min. Isto permite testar o fio para aplicações como a cobertura mecânica ou a cobertura de ar, que são efectuadas a duas velocidades diferentes.

O programa de software de alongamento da Lawson-Hemphill utiliza a % de alongamento para exprimir a extensão do fio. O programa de rácio de estiragem pode ser programado para utilizar a % de alongamento ou a estiragem. Como já foi referido, o E-CTT utiliza o princípio da medição dinâmica para prever melhor e com maior exatidão as propriedades de estiragem, alongamento e fricção do fio elastomérico. O E-CTT foi configurado para efetuar três testes diferentes;

1. Ensaio do rácio de estiragem: Medição da tensão no fio com uma percentagem de alongamento constante (%),

2. Teste de alongamento: Medição da percentagem de alongamento (%) sob tensão constante do fio e

3. Teste de fricção do pino: Medição do atrito entre o fio e o pino sob tensão constante do fio.

1.11.9 Novo teste de extensão de alongamento "Quad Load

Penelope Watkins *et al* (83) explicam que o teste do grau de extensão do tecido para redução do padrão de vestuário é inconclusivo em relação ao tamanho do tecido de teste, à carga e à aplicação. Até que a norma industrial seja estabelecida, o designer pode seguir um método simples para calcular o grau de elasticidade que oferece resultados consistentes sem exigir condições especiais de controlo. Estes resultados mostram uma repartição da extensão do tecido utilizada para calcular o fator de redução do estiramento relativo. Os objectivos consistiam em calcular o grau de extensão do estiramento a uma carga específica de 250 gms para o tecido de amostra nas quatro orientações de curso, fio e viés (45^0 e 135^0). Um conjunto de 4 para cada um dos 5 tecidos de amostra foi cortado em tiras de 5 cm x 20 cm na orientação de curso, fio e viés. O padrão do tecido é ilustrado como um retângulo de 5 cm x 20 cm com pontos de referência em centros de 10 cm, entre os quais se mede o comprimento estendido. Foi maquinada uma dobra de 2,5 cm em ambas as extremidades, formando ranhuras prontas para a inserção dos suportes de raiva. No procedimento de ensaio de carga quádrupla, as amostras de tecido no curso, na largura, na inclinação de 45^0 e na inclinação de 135^0 foram colocadas no cabide e o peso de 250 gms foi aplicado. Depois de deixar passar um minuto para que o tecido estabilizasse, foi registada a medida da extensão entre os pontos de referência.

O comprimento relaxado de referência de 10 cm foi escolhido porque o cálculo do grau de alongamento é simplificado. O grau de alongamento expresso em percentagem é calculado subtraindo o comprimento relaxado do comprimento estendido e depois dividindo o resultado pelo comprimento original ou, simplesmente, subtraindo 10 cm do comprimento estendido.

$$\text{Grau de estiramento} = [\text{comprimento alargado (mm)} - 100]\%.$$

Wolfgang Stain *et al* (84) explicam que, quando são testados fios elásticos ou elastoméricos, o deslizamento nas pinças é um fenómeno bem conhecido. Este fenómeno deve-se ao baixo coeficiente de atrito dos materiais sintéticos, bem como à alteração considerável do diâmetro do fio durante o procedimento de teste .

1.11.10 Cálculo da estiragem de fios com núcleo elástico

S .El-Ghezal *et al* (85) estudaram o método de fiação com núcleo, que consiste na introdução de um núcleo alargado de elastano no processo de fiação que produz fio a partir de fibras descontínuas. A fiação com alma envolve a alimentação de um fio de filamento no cilindro de estiragem frontal de um bastidor, onde é coberto por fibras descontínuas, resultando num fio fiado com alma. Para introduzir uma proporção variável de elastano em cada fio, a estiragem da alma pode ser modificada de acordo com a equação abaixo indicada.

$$D = t \div (T \times P \times 100)$$

em que, D = rácio de calado ou rácio de tração,

t = Tex do fio da alma elástica,

T = Tex do fio fiado com alma,

P = % de alma elástica no fio fiado com alma.

Capítulo 1.12 Conforto da fibra de elastina

P. Verdu *et al* (86) explicam que os resultados indicados com a utilização da fibra DOW XLA™ (fibra de elastina) no interior de um fio fiado com núcleo para elasticizar tecidos para vestuário de trabalho proporcionaram um conforto adicional em relação aos tecidos não elasticizados, adicionando elasticidade e uma sensação melhorada à mão. Estes tecidos revelaram um conforto térmico e sensorial que persistiu com os ciclos de lavagem. As diferenças encontradas no desempenho, quando comparadas com os tecidos tradicionais não elastificados e elastificados com PBT, foram explicadas pelo facto de se ter uma fibra elástica no núcleo do fio fiado com núcleo que teve uma resposta elástica moderada após os processos de acabamento do fio e do tecido.

D. Gupta *et al* (87) explicam que o vestuário de pressão é utilizado para exercer pressão sobre os membros humanos para o tratamento de cicatrizes, problemas diversos e linfáticos, lesões ósseas e musculares, vestuário desportivo, pós-cirurgia estética, etc. A quantidade de pressão necessária para cada condição médica é diferente. O vestuário de pressão é produzido a partir de tecido elástico tricotado que, ao ser usado, se estende e permanece no estado estendido, exercendo assim uma pressão positiva sobre o corpo. Uma vez que são usados junto à pele e estão em contacto íntimo com o corpo, as suas propriedades de conforto são de extrema importância. As caraterísticas de conforto do tecido de malha elástica utilizado no fabrico de vestuário de pressão foram avaliadas tanto no estado totalmente relaxado como no estado estendido. No estado estendido, a estrutura do tecido abre-se e o tecido torna-se mais fino. Isto torna a estrutura mais permeável ao ar e ao vapor de água, melhorando assim significativamente a respirabilidade do tecido. A área de superfície disponível no tecido para a condução de calor também diminui com a extensão. Isto, por sua vez, leva a uma diminuição da condutividade térmica e da resistência térmica, o que reduz o isolamento do tecido, tornando-o mais confortável de usar em condições de calor e humidade.

Capítulo 1.13 Acabamento de fios de elastómeros e respectivos tecidos

A BASF (88) explica que a caraterística mais importante dos tecidos fabricados a partir de fibras de spandex e de misturas de spandex com algodão ou fibras sintéticas é a sua elasticidade. Se possível, devem ser sempre tratados a uma temperatura inferior a 100^{0}c, caso contrário a sua elasticidade será afetada. A redução da elasticidade depende do tempo de exposição do tecido a temperaturas elevadas. As fibras de spandex também perdem a sua elasticidade se forem expostas ao calor sob tensão. Por conseguinte, os tecidos que contêm fibras de spandex não devem ser esticados desnecessariamente em processos em que estejam expostos ao calor, pelo que recomendamos a utilização de equipamento de baixa tensão. As fibras de spandex são tratadas principalmente com preparações de silicone, que são aplicadas em quantidades substancialmente mais elevadas do que a preparação aplicada a outro tipo de fibra. A remoção desta preparação de silicone tem de ser removida dos tecidos para evitar problemas nos processos de acabamento.

H. Hueber *et al* (89) afirmam que a tecnologia de acabamento do vasto campo dos artigos têxteis elásticos é tão diversa e variada quanto as suas possibilidades de design o permitem. No entanto, para todos os produtos têxteis elásticos, é possível demonstrar métodos de acabamento que são largamente semelhantes nas suas etapas de processamento e que apenas têm de ser variados em pormenor.

Algodão/Elastano: O algodão é tratado sob condições alcalinas na maioria dos processos de tingimento e acabamento. No entanto, em misturas com elastano, esta ação alcalina, sob a pressão simultânea do tempo e da temperatura, não deve ser permitida de forma descontrolada e sem ter em consideração a importância do elastano, se as caraterísticas elásticas do artigo forem mantidas da melhor forma possível. Relativamente à prática de processamento relevante, são feitas as seguintes recomendações para tingimento e acabamento. -Tingimento substancial: Se necessário, também pode ser efectuada sem hesitação uma melhoria da solidez após o tratamento. -O tingimento reativo é possível com corantes que, de acordo com as instruções dos fabricantes de corantes, podem ser inferiores a 50^{0}c. - O tingimento com indantreno é possível pelo método IK, IW e IN até uma temperatura máxima de 60^{0}c. - O tingimento com enxofre é efectuado pelo método com uma adição reduzida de álcali a cerca de 70^{0}c. - A caustificação e a mercerização são possíveis sem danos, apesar da elevada adição de álcali, devido às temperaturas mais baixas envolvidas.

Poliéster/Elastano: Nos últimos anos, esta mistura de fibras tem sido considerada esporadicamente para o desenvolvimento de tecidos. No entanto, esta mistura apresenta problemas consideráveis para o finalizador devido ao facto de os tipos de PET de tingimento normal terem de ser tingidos a uma temperatura elevada e/ou com a co-aplicação de transportadores, e depois tratados num meio alcalino/redutor para melhorar a solidez da cor. Um bom compromisso neste caso seria efetuar o tingimento a cerca de 108^0C com uma quantidade reduzida de agente de transporte.

Capítulo 1.14 Aplicações dos fios de elastómeros

P. Driscoll *et al* (90) explicam que os fios e tecidos que contêm Lycra têm várias aplicações, tais como tecidos, meias, fatos de banho, vestuário ativo, tecidos de malha circular e tecidos estreitos. Os fios fiados com núcleo elástico são sobretudo utilizados para tecidos esticados e adequados para vestuário casual, calças de ganga, bombazina, vestidos de noite ou várias camisolas de vestuário exterior e vestuário de baixo.

Kunal Singha *et al* (91, 92) estudaram o vestuário e os artigos de vestuário em que se pretende esticar, geralmente para conforto e ajuste. Alguns dos domínios de aplicação são os seguintes.

- ✓ Vestuário desportivo, aeróbico e de exercício: cintos, alças e painéis laterais de soutiens, fatos de banho de competição, cintos de dança usados por bailarinos e outros, luvas, meias, leggings, fatos de treino de netball, cintas ortopédicas, calças de esqui, skinny jeans, calças, meias, fatos de banho, roupa interior, fatos de mergulho, zentai, etc.
- ✓ Vestuário de compressão: calções de ciclismo, vestuário de base, fatos de captura de movimento, fato de remo.
- ✓ Peças de vestuário moldadas: copas de sutiã, mangas de apoio, mangas cirúrgicas, fatos de super-herói, calções de voleibol para mulher, camisola de luta livre, mobiliário doméstico: Almofadas com microesferas. No vestuário, o spandex é normalmente misturado com algodão ou poliéster e representa uma pequena percentagem do tecido final, que, por conseguinte, mantém a maior parte do aspeto e do toque das outras fibras.

Quadro 1.2: Aplicação final de vários betumes

Utilização	Malha para meias-calças	Malha de meia	Malha circular	Malha plana	Renda de malha de urdidura	Croché tecido estreito	Tecido largo
Meias e meias-calças	Sp(c,b), C	C	-	-	-	C	-
Roupa interior	-	-	Sp(c), C	-	-	C	-
Fundação	-	-	Sp(c), C	-	-	C	-
Fatos de banho	-	-	Sp(c), C	-	-	C	-
Roupa de	-	C	Sp(c), C	C	-	C	-

desporto							
Roupa exterior	-	-	Sp(c), C	C	-	C	-
Médico	-	C	Sp(c), C	C	-	C	-
Estofos	-	-	Assim(c)	-	BC	C	-
Fraldas	-	-	-	-	-	-	Sp(c,b)
Outros	-	-	Sp(c), C	C	BC	C	Sp(c,b)
B= Feixe de urdidura, BC= Fios nus, Sp(c) = bobina cilíndrica, Sp(b) = bobina bicónica, C= Fios combinados (revestidos, core spun, enrolados)							

REFERÊNCIAS

1. M. Y. Gudiyawar, M. C. Burji & B. M. Patil, "Developments in the method of core covered yarn's manufacturing", Journal of the Textile Association, Vol. 72(6), Mar/Abr 2012, pp 372-376.

2. Elastomeric Fibres (2012, January 12) Retrieved from http://www.textileschool.com/articles/89/elastomeric-fibres-fibres-with-elastic- capability.

3. Muhammad Iftikhar, Babar Shahbaz & Ehsan Elahi Zaheer, "Properties of Air Covered Yarn as Influenced by Air Pressure and Delivery Speed: A study for the Extension of Textile Technology", Journal of the Chemical Society of Pakistan, Aug 2012, pp 1-3.

4. M. Senthilkumar, N. Anbumani, J. Hayavadana, "Elastane Fabrics - A Tool for Stretch Applications in Sports", Indian Journal of Fiber & Textile Research, Vol. 36, Sep 2011, pp 300-307.

5. N. Arun, "Spandex, It's Structuring Too", Man-Made Textile in India, Vol. 42(2), Feb 1999, pp 60-66.

6. R. Meredith, "Elastomeric Fibers", Merrow Publishing Co. Ltd., 1971, pp 936.

7. H. D. Joshi & D. H. Joshi, "Elastomeric and Their Processing", Mantra Bulletin, Vol. 21(3), Mar 2003, pp 2-5.

8. Spandex fibres (2014, November 22) Retrieved from https://en.wikipedia.org/wiki/Spandex.

9. Jurg Rupp & Andrea Bohringer, "Yarns and Fabrics Containing Elastane", ITB International Textile Bulletin, Vol. 1(99), pp 10-30.

10. Milton M. Platt, "Mechanics of Elastic Performance of Textile Materials: Part VI: Influence of Yarn Twist on Modulus of Elasticity", Textile Research Journal, Vol. 20(10), Oct 1950, pp 665-667.

11. M. Saminathan, "Recent Developments in Two-For-One Twister", Asian Textile Journal, Vol. 13(6), Jun 2004, pp 72-74.

12. Milind V Koranne, Shrikant T Vernekar, Deval A Vasavada e Hari Reddy, "Effect on TFO Twisting", The Indian Textile Journal, Vol. 109(5), fevereiro de 1999, pp 51-57.

13. Ning Pan & David Brookstein, "Propriedades Físicas de Estruturas Torcidas. II. Industrial

Yarns Cords and Ropes", Journal of Applied Polymer Science, Vol. 83, 2002, pp 610-630.

14. Andreja Rudolf & Jelka Gersak, "The Influence of Thread Twist on Alterations in Fibers' Mechanical Properties", Textile Research Journal, Vol. 76(2), abril de 2008, pp 134-144.

15. Witold Zurek & Jadwiga Godon, "Strain Recovery of Twisted Viscose Rayon", Textile Research Journal, Vol. 41, 1971, pp 984-990.

16. Yarn Twist (2014, 14 de março), Retrieved from http://nptel.ac.in/courses/116102029/65.

17. Twist http://www.rieter.com/en/rikipedia/articles/technology-ofshort-staple-spinning/yarn-formation/imparting-strength/true-twist-with-reference-to-ring- spun-yarn/twist-and-strength/and strength (2014, August 2014), Retrieved from .

18. "Elastic Yarn Technologies", Melliand International, Vol. 10(1), Mar 2004, pp 14-16.

19. Osman Babaarslan, "Method of Producing a Polyester/Viscose Core Spun Yarn Containing Spandex Using a Modified Ring Spinning Frame", Textile Research Journal, Vol. 71, 2001, pp 367- 371.

20. Manjunath Burji, P.V.Kadole & K.V.Lokesh, "Manufacturing methods of multi-component yarns", Spinning Textiles, Jan-Fev 2016, pp 26-37.

21. A. P. S. Sawhney, K. Q. Robert, G. F. Ruppenicker e L. B. Kimmel, "Improved Method of Producing a Cotton Covered /Polyester Staple - Core yarn on a Ring Spinning Frame", Textile Research Journal, Vol. 62(1), 1992, pp 21-25.

22. A.P.S. Sawhney, G. F. Ruppenicker, L. B. Kimmel e K. Q. Robert, "Comparison of Filament-Core Spun yarns Produced by New and Conventional Method", Textile Research Journal, Vol. 62 (2), 1992, pp 67-73.

23. C. W. Lou, C. W. Chang, J. H. Lin, C. H. Lei e W. H. Hsing, "Production of Polyester Core-Spun with Spandex Using a Multi-section Drawing Frame and a Ring Spinning Frame", Textile Research Journal, Vol-75 (5), 2005, P 395401.

24. Armin Pourahmad & Majid S. Johari, "Production of Core Spun Yarn by the Three-Strand Modified Method", Journal of Textile Institute, Vol. 100(3), 2009, pp 275-281.

25. Ali Akbar Gharahaghaji, Elam Naghash Zargar e Abdolkarim Hossaini, "Cluster-Spun Yarn- A New Concept in Composite Yarn Spinning", Textile Research Journal, Vol. 80(1), 2010, pp 19-24.

26. Jai Horng Lin, Ching Wen Chang, Ching Wen Ou & Wen Hao Hsing, "Mechanical Properties of Highly Elastic Complex Yarns with Spandex made by a novel Rotor Twister", Textile Research Journal, Vol. 74(6), 2004, pp 480-484.

27. K.B. Cheng & Richard Murray, "Effects of Spinning Conditions on Structure and Properties of Open-End Cover-Spun Yarns", Textile Research Journal, Vol. 70(8), 2000, pp 690-695.

28. Ali Akbar Merati, Fujio Konda, Massaki Okamura & Estuo Marui, "Filament Pre Tension on Core Yarn Friction Spinning", Textile Research Journal, Vol. (68)4, 1998, pp 254-264.

29. Y. Matsumto, K. Toriumi, I. Tsuchiya & K. Harakawa, "Properties of Double Core Twin Spun Silk Yarns and Fabrics", Textile Research Journal, Vol. 62(12), Dec 1992, pp 710-714.

30. Huseyin Gazi Ortlek & Sukriye Ulka, "Effects of Spandex and Yarn Count on the Properties of Elastic Core Spun Yarns Produced on Murata Vortex Spinning", Textile Research Journal, Vol. 77(6), 2007, pp 432-436.

31. "Core Yarn Spinning", Melliand International, Vol. (1), 1997, pp 22-23.

32. Something holistic about Elastic (2011, August 24) Retrieved from http://www.indiamarkets.com/imo/industry/textiles/textilefea52.asp .

33. Manual da máquina SSM

34. G. Saltow, T. Furderer, B. Wulfhorst, T.Gries, "New elastic combination yarns containing elastane yarn", Melliand International, Vol. 8, Mar 2002, pp 31-36.

35. M. Leifeld, M. Gerige e B. Wuifhorst, "Development of Intermingled Combination Yarns for elastic fabrics", Melliand International, Vol. 2, pp 98102.

36. N. Balasubramanian & V. K. Bhatnagar, "The effect of Spinning Conditions on the Tensile Properties of Core - Spun Yarns", Journal of Textile Institute, Vol. 61(11), 1970, pp 534-554.

37. Hee W. Yang, Hyung J. Kim, Cheng Y. Zhu e You Huh, "Comparison of Core-sheath Structuring Effect on the Tensile Properties of High-Tenacity Ring Core-Spun Yarns", Textile Research Journal, Vol. 79(5), 2009, pp 453460.

38. Ching-luan Su, Meei-Chyi Maa e Hsiao-Ying Yang, "Structure and Performance of Elastic Core-Spun Yarn, Textile Research Journal", Vol. 74, 2004,P 607-610.

39. A. Kakvan, S. Shaikhzadeh Najar e R. Ghazi Saidi, "Effects of Draw Ratio and Elastic Core Yarn Positioning on Physical Properties of Elastic Wool/Polyester Core - Spun Ring Yarns", Journal of Textile Institute, Vol. 98(1), 2007, pp 57-63.

40. O. Babaarslaan, & Z. Tuzun, "Core-Spun Properties", Textile Asia, Dez. 2000, pp 29-31.

41. Haixia Zhang, Yuan Xue e Shanyuan Wang, "Effect of Filament Over-Feed Ratio on Surface of Rotor-Spun Yarns", Textile Research Journal, Vol. 76(12), 2006, pp 922-927.

42. Ching-Iuan Su, Hsiao-Ying Yang, "Structure and Elasticity of Fine Elastomeric Yarns", Textile Research Journal, Vol. 74(12), Dez 2004, pp 1041-1044.

43. A. Das & R. Chakraborty "Estudos sobre fios e tecidos elásticos com núcleo de elastano-algodão: Part- 1 Yarn Characteristics", Indian Journal of Fibre & Textile Research, Vol. 38, Sep. 2013, pp 237-243.

44. Manjunath Burji, P.V.Kadole, K.V.Lokesh & J.R.Nagala, "Elastic behavior of polyester/ Lycra air covering yarn", Textile Asia, maio de 2015, pp 23-26.

45. Manjunath Burji, P.V.Kadole, M.Y.Gudiyawar & B.M.Patil, "Studies on the physical properties of spandex/polyester air covered yarns", Journal of Textile Association, janeiro-fevereiro de 2016, pp 298-303.

46. Manjunath Burji, P.V.Kadole, M.Y.Gudiyawar & B.M.Patil, "Effect of Lycra draw ratio on poly/lycra air-covered yarns", The Indian Textile Journal, agosto de 2012, pp 25-30.

47. Tecidos de malha(2014, 14 de setembro) Recuperado de http://www.uen.org/cte/family/clothing-2/downloads/textiles/knit.pdf.

48. J. Mixtmann & R. Fachhochschule Niederrhein, "Effect of the Fabric Construction on the elastic Properties of woven fabrics containing elastane yarns", Melliand International, Vol. 2, 1999, pp 140-144.

49. Serkan Tezel & Yasemin Kavusturan, "Experimental Investigation of Spandex Brand and Tightness fator on Dimensional and Physical Properties of Cotton/Spandex single jersey fabrics", Textile Research Journal, Vol. 78(11), 2008, pp 966-976.

50. K. Regenstein, "Changing Stress/Strain Properties in the Fabric with Elastane Yarn", Melliand International, Vol.10(2), maio de 2004, pp 103-106.

51. Phillip W. Gibson, Kenneth Desabrais e Thomas Godfrey, "Dynamic Permeability of

Porous Elastic Fabrics, Journal of Engineered Fibers and Fabrics", edição especial, julho de 2012, pp 29-36.

52. A. Bayazit Marmarali, "Dimensional and Physical Properties of Cotton/Spandex Single Jersey Fabrics", Textile Research Journal, Vol.73(1), Jan 2003, pp 11-14.

53. Different types of denim(2014, November 12), Retrieved from **https://en.wikipedia.org/wiki/Denim.**

54. D. Gorjance & M. Bizjak, "The Influence of Constructional Parameters on Deformability of Elastic Cotton Fabrics", Journal of Engineered Fibres & Fabrics Vol. 9, Issue 1, 2014, pp 39-46.

55. Spandex fibres (2014, November 22), Retrieved from https://en.wikipedia.org/wiki/Spandex.

56. Rostam Namiranian, Saeed Shaikhzadeh-Najar, Seyed Mohammad Etrati & Albert M. Manich, "Seam Slippage & Seam Behavior of Elastic Woven Fabric Under Static Loading", Indian Journal of Fibre & Textile Research ,Vol. 39, Sep. 2014, pp 221-229.

57. Mourad M. M., M. H. Elshakankery & Alsaid A. Almetwally, "Physical & Stretch Properties of Woven Cotton Fabrics Containing Different Rates of Spandex", Journal of American Science, Vol. 8(4), 2012, pp 567-572.

58. A. Das & R. Chakraborty, "Estudos sobre fios e tecidos elásticos com núcleo de elastano-algodão: Part- 2 - Fabric Low-Stress Mechanical Characteristics", Indian Journal of Fibre & Textile Research, Vol. 38, Dez. 2013, pp. 340-348.

59. LubosHes, NilgunOzdil, ArzuMarmarali, Nida Oglakcioglu & Mario Lima, "The Effect of Moisture on Friction Coefficient of Elastic Knitted Fabrics", TEKSTIL Ve KONFEKSIYON , 3/2008, pp 206-210.

60. Alsaid Ahmed Almetwally, M. M. Mourad, Alia Li Hebeshi & Nermin M. Aly, "Comparison of Handle Properties of Cotton Fabrics Woven from Ring & Compact Spun Yarn from Different Pneumatic Compacting Systems", Journal of The Textile Association, Nov-Dez 2015, pp 222-228.

61. Saber Ben Abdessalem, Youssef Ben Abdelkader, Sofiene Mokhtar & Saber Elmarzougui, "Influence of Elastane Consumption on Plated Plain Knitted Fabric Characteristics", Journal of Engineered Fibers & Fabrics, Vol. 4, Issue 4, 2009, pp 30-35.

62. M. Senthilkumar, S. Sounderraj& N. Anbumani, "Effect of Spandex Input Tension, Spandex Linear Density & Cotton Yarn Loop Length on Dynamic Elastic Behaviour of Cotton/Spandex Knitted Fabrics", Journal of Textile & Apparel, Technology & Management, Vol. 7 Issue Fall 2012, pp 1-16.

63. A. Das, S. Kumar, T. Mittal, M. Singh & S. Prajapati, "Pressure Profiling of compression Bandages by A Computerized Instruments", Indian Journal of Fibre & Textile Research, Vol. 37, junho de 2012, pp 114-119.

64. Manjunath Burji, P.V. Kadole & K. V. Lokesh, "Effect of Twist Levels in Polyester Yarn on Elastic Behaviour of Polyester/Spandex Air Covered Yarn", Melliand International, Mar 2015, pp 152-153.

65. M. Senthilkumar & N. Anbumani, "Effect of Laundering on Dynamic Elastic Behaviour of Cotton & Cotton-Spandex Knitted Fabrics", Journal of Textile & Apparel, Technology & Management, Vol. 7 Issue, Fall 2012, pp 1-10.

66. NilgunOzdil, "Stretch and Bagging Properties of Denim Fabrics Containing Different Rate of Elastane", Fibres & Textile in Eastem Europe, Jan/Mar 2008, Vol. 16, pp 66.

67. Bilal Qadir, Tanveer Hussain &Mumtaz Malik, "Effect of Elastane Denier & Draft Ratio of Core-Spun Cotton Weft Yarns on The Mechanical Properties of Woven Fabrics", Journal of Engineered Fibers & Fabrics, Vol. 9, Issue 1, 2014.

68. Manjunath Burji, P.V.Kadole, Sandip patil & Subrata saha, "Thermal comfort of stretchable denim fabric", Dye Chem Pharma Business News, janeiro de 2016, pp 47-49.

69. M.C.Burji, P.V.Kadole, M.Y.Guidyawar & B.M.Patil, "Methods for assessing core-cover yarn properties", Melliand International, março de 2012, pp 218-219.

70. Menghe Milao, Yan-Lai How, e Sau-Yee Ho, "Influence of Spinning Parameter on Core Yarn Sheath Slippage and Other Properties", Textile Research Journal, Vol. 66(11), 1996, pp 676-684.

71. M. C. Burji, P.V. Kadole, M. Y. Gudiyawar & B. M. Patil, "Methods for assessing the core covered yarn properties", Melliand international, abril de 2012, pp 218-219.

72. Simon De Meulemeester, Lieva Van Langenhove e Paul Kiekens, "Study of the Weavability of Elastane Based Stretch Yarns on Air-jet looms", AUTEX Research Journal, Vol. 9(2), 2009, pp 54-60.

73. B. K. Behra, V. K. Joshi, "Weavability of Core-spun Dref Yarn", Indian Journal of fiber and Textile Research Vol. 32, 2007, pp 40-46.

74. Jia-Horng Lin, Ching-Wen Chang, Ching-Wen Lou e Wen-HaoHsing, "Mechanical Properties of Highly Elastic Complex Yarns with Spandex Made by a Novel Rotor Twister", Textile Research Journal, Vol. 74 (6), 2004, pp 480-484.

75. Mani Senthilkumar e N Anbumani, "Dynamics of Elastic Knitted Fabrics for Sports Wear", Journal of Textile Industry, outubro de 2010, pp 1-13.

76. G. K. Tyagi, A Goyal e Patnaik, "Elastic Recovery Properties of Polyester Jet Spun Yarns", Indian Journal of Fiber & Textile Research, Vol. 27, Dez. 2002, pp 352-357.

77. P. Pramanik & Vilas M. Patil, "Low Stress Mechanical Behavior of Fabrics Obtained from Different Types of Cotton/Nylon Sheath/Core Yarn", Indian Journal of Fiber & Textile Research, Vol. 34, Jun 2009, pp 155-161.

78. Kristina Dapkuniene & Eugenija Strazdiene, "Influência da orientação das camadas nas propriedades de tração dos sistemas têxteis: Parte 2. Investigation of Tensile Energy and Linearity, Materials Science", Vol. 12(3), 2006, pp 247-252.

79. B P Saville, "Physical Testing", Woodhead Publication Limited, 1999, pp. 282.

80. B. K. Behera, "Comfort and Handle Behaviour of Linen-Blended Fabrics", AUTEX Research Journal, Vol. 7(1), Mar 2007, pp 33-47.

81. B. Baghaei, M Shanbeh & A.A.Ghareaghaji, "Effect of Tensile Fatigue Cyclic Loads on Bagging Deformation of Elastic Woven Fabrics", Indian Journal of Fiber & Textile Research, Vol. 35, Dez 2010, pp 298-302.

82. F. Avsar & Lawson-Hemphill, "Elastomeric Yarn Testing with the E-CTT", Melliand International, Vol. 9(4), Dez 2003, pp 300-301.

83. Penelope Watkins, "Design with Stretch Fabrics", Indian Journal of Fiber & Textile Research, Vol. 36, Dez. 2011, pp. 366-379.

84. Wolfgang Stein, Marie-Louise Klotz, Diana Germanova- Krasteva, & Zornica Stoilova, "Automatic Tensile Tests of Elastomeric Yarns- Problem Solutions", Melliand International, Vol. 1(2), 2009, pp 24-26.

85. S. E. Ghezal, A. Baby, S. Dhouib & M. Cheikhrouhou, "Study of the Impact of Elastane's

ratio finishing process on the mechanical properties of stretching Denim", The Journal of the Textile Institute, Vol. 100(3), Apr 2009, pp 245253.

86. P. Verdu, Jose M. Rego, J. Nieto e M. Blanes, "Comfort Analysis of Woven Cotton/Polyester Fabrics Modified with a New Elastic Fiber, Part 1 Preliminary Analysis of Comfort and Mechanical Properties", Textile Research Journal, Vol. 79(1), 2009, pp 14-23.

87. D. Gupta, R. Chattopadhyay & M. Bera, "Comfort Properties of Pressure Garments in Extended State", Indian Journal of Fiber & Textile Research, Vol. 36, Dez. 2011, pp 415-421.

88. BASF, Informação Técnica, "Pre-treatment of Fabrics that Contain Spandex", janeiro de 2000, pp 1-8.

89. H. Hueber & Bayer Faser GmbH, "Aspectos práticos do acabamento de têxteis elásticos", Melliand International, Vol. 2, 1998, pp 119-122.

90. P. Driscoll, "Elastane Yarns: Global Market Situation to 2005", Melliand International, Vol. 8, Dez. 2002, pp. 230-231.

91. Kunal Singha, "Analysis of Spandex/Cotton Elastomeric Properties: Spinning and Applications", International Journal of Composite Materials, Vol. 2(2), 2012, pp 11-16.

92. Walter N. Rozelle, "Spandex: Miracle Fiber Now Coming Into Its Own", Textile World, Vol. 147(1), Jan 1997, pp 80-87.

93. Gadah Ali Abou Nassif, "Effect of Weave Structure and Weft Density on the Physical and Mechanical Properties of Micro polyester Woven Fabrics", Journal of American Science, Vol. 8(8), 2012, pp 947-952.

94. Yamini Jhanji, Deepti Gupta & V.K.Kothari, "Comfort properties of Plated Knitted Fabrics with Varying Fabric Type", Indian Journal of Fiber & Textile Research, Vol. 40, Mar 2015, pp 11-18.

95. T sharabaty, F Biguenet, D Dupuis & P Viallier, "Investigation on Moisture Transport through Polyester/Cotton Fabrics", Indian Journal of Fiber & Textile Research, Vol. 33, Dez 2008, pp 419-425.

Printed by Books on Demand GmbH, Norderstedt / Germany